홍콩 배케이션
Hong Kong Vacation

I ♥ HK

홍콩 배케이션
Hong Kong Vacation

스타일리시한 여자들의 홍콩 즐겨찾기

한혜진 지음

예담

홍콩 여행은 나에게 주는 선물이다!

명품 패션 브랜드의 머천다이저와 PR, 패션 에디터, 멤버십 매거진 편집장……. 요즘 젊은 여성들에게 인기 있는 직업을 두루 거치며 내가 다양한 경험을 쌓을 수 있었던 건 순전히 '행운'이었다고 생각한다. 그리고 이렇게 의외의 포지션을 거치며 내 인생을 가장 풍요롭고 특별하게 만들어준 것은, 단연코 '여행'이라고 말하고 싶다. 어떤 직장인이 몰디브 같은 휴양지에서 파리와 뉴욕 패션위크까지 시즌마다 출장을 다닐 수 있겠는가!

그렇다고 서구에 대한 절대적인 동경이나 여느 패션 전공자처럼 뉴욕, 런던, 파리 같은 도시에 대한 갈망이 큰 것은 아니었다. 컬렉션 출장이나 휴가 차 그런 도시를 수 차례 방문해 보기도 했지만 또다시 가고 싶다는 마음이 강렬하게 다가오는 곳들은 별로 없었다. 그저 당시의 로맨틱하거나 익사이팅했던 기억만을 마음에 담아두고 싶었을 뿐. 그런데 홍콩은 달랐다. 언제 가도 즐겁고 짜릿해서 서울에 돌아와서도 늘 그곳에서 충전한 에너지로 일상을 버티곤 했으니까. 혹은 홍콩으로 출국할 날만 기다리며 서울의 삶을 버텼는지도 모를 정도로, 홍콩은 내 인생의 화양연화를 상징하는 최고의 여행지였다.

처음 홍콩에 가게 된 건 내가 커리어의 황금기를 보냈던 잡지사의 편집장 덕이었다. 피처 에디터들의 잇단 출장 때문에 한 글로벌브랜드의 '담배' 행사에 패션 에디터였던 나를 보낼 수밖에 없었던 것. 그러나 실제로는 '담배'가 아닌 '패션'을 테마로 한 행사였고, 덕분에 의외의 즐거움을 안겨줬던 그 출장 이후로 나는 홍콩이라는 도시의 매력에 깊이 빠져들기 시작했다. 그리고 7년이라는 시간 동안 30회 가까이 홍콩을 드나들면서 홍콩에 대해 애착을 넘어 집착을 갖게 되었다. 원체 정기적으로 공항 출입을 못하면 마음에 병이 생기곤 하는 방랑벽 때문일지도 모르지만, 그 기착지를 굳이 홍콩으로 한정한 것은 홍콩에 대한 무조건적인 애정과 편집증이라고밖에 설명할 도리가 없다.

사실 홍콩은 '관광'이라는 측면에서 그리 매력적인 여행지는 아니다. 만모사, 스탠리, 디즈니 랜드, 란타우 섬, 섹오 비치 같이 역사와 자연을 매개로 한 몇몇 관광지가 있긴 하지만 그런 곳들이 홍콩 여행 순위에서는 결코 높은 레벨이 될 수 없다. 홍콩은 온전히 '소비'를 위한 도 시이고, 관광은 부수적인 흥미거리일 뿐이다. 좀더 냉정하게 말하면, 홍콩을 여행한 사람의 만족도는 그 사람의 취향, 경제력과 절대적으로 비례한다. 좋고 나쁨이 아니라 '기호'의 차이 가 명확하게 드러나는 곳이 바로 홍콩이다. 그런 이유로, 애초에 홍콩 여행에서 예산을 책정 하는 것은 무의미하다. 아니, 마음이 아프다. 홍콩에서는 다소 카드 빚을 지더라도 자신의 욕 구에 충실하길 감히 권하고 싶다. 그 수많은 홍콩 여행의 과소비에서 단 한 번도 후회하지 않 았던 내 전력이 그 확신을 보장할 수 있다.

힘들게 일하느라 고생했던 내 일상에게 1년에 한 번쯤은 근사한 홍콩 여행으로 보상을 해주 는 건 어떨까. 다만 그 여행을 어떻게 하면 합리적이면서도 만족도 높은 일정으로 채울 수 있 을까 고민하는 이에게 이 책이 작은 도움이 될 수 있을 것 같다. 같은 예산으로 여행을 하더 라도 좀 더 구체적이고 현실적인 어드바이스가 있다면 그 여정이 더욱 의미 있고 풍요로워질 테니 말이다. 이 책을 읽는 사람들에게 내가 홍콩 여행의 초반에 겪었던 시행착오를 덜어주고 싶다. 그리고 이 책과 함께 홍콩을 여행한 모든 이들이 나처럼 홍콩의 블랙홀 같은 매력에 빠 지는 모습을 기대해 본다.

Special Thanks to

홍콩에서 제일 잘나가는 수많은 호텔과 레스토랑들의 취재 협조, 그리고 그 이상의 많은 도움과 협력을 제공해준 PR 에이전트 GHC(Grebstad Hicks Communications), 수 년간 담아둔 사진을 어이없이 분실했을 때 아낌 없이 자신들의 홍콩 사진을 제공해 준 지인들(노중훈 작가님, 나인 스튜디오 이신구 실장님, 플러그랩 스튜디오 박재형 실장님, 이종관님&SYNN 김미선 실장님 부부, 미병원 박재현 원장님, 그리고 여러 블로그 이웃님들) 모두 감사합니다. 마지막으로 언제나 나에게 전폭적인 지원과 애정을 보내주시는 부모님과 가족들, 그리고 친구들도요. 홍콩과의 애틋한 추억들을 이렇듯 아름다운 기록으로 남길 수 있게 해주셔서 모두에게 감사한 마음을 전합니다.

Prologue ··· 004

PART 1. Plan it

PART 2. Stay it

International Hotel ··· 046

포시즌스 | 그랜드하얏트 | 인터컨티넨탈 | 카우룽 샹그리라 | 만다린 오리엔탈
랜드마크 만다린 | 르 메르디앙 사이버포트 | 쉐라톤 | 더블유

Boutique Hotel ··· 072

센트럴파크 | 코스모 | 플레밍 | 지아 | LKF | 란콰이펑 | 랑송 플레이스 | 럭스 매너 | 버터플라이

PART 3. Taste it

Breakfast ··· 096

윙치케이 | 테이스티 | 침차이키 | 호홍키 | 치케이 | 나트랑 | 윙와 | 포26

Lunch ··· 114

딤섬 ··· 116

위문평 | 룩유 티하우스 | 하카헛 | 린흥 티하우스 | 맥심 | 세레나데

브런치 ··· 128

브런치 클럽 | 플라잉 팬 | 아쿠아 | 펄 온 더 피크 | 더 박스 | SML | 팻 버거

애프터눈 티&카페 ··· 146

차이나 티클럽 | 클리퍼 라운지 | 더 라운지 | 모 바 | 더 로비 | 카페 스포일 | 허이라우산

Sweets ··· 158

아녜스베 델리스 | 르 구테 베르나드로 | 시프트 | 아르마니 돌치 | 장 폴 에뱅
라 메종 뒤 쇼콜라 | 타이청 베이커리

Dinner ··· 170

파인다이닝 ··· 172

차이나 클럽 | 디. 다이아몬드 | 할란스 | 후통 | 크루그 룸 | 메구 | 노부 | 피에르 | 세바
스푼 바이 알랭 뒤카스

캐주얼 디너 ··· 196

셰 무아 | 레이 가든 | 오볼로그 | 로카 | 슈이후주 | 티보 | 포운

프라이빗 키친 ··· 214

다핑후오 | 멈 차우스 | 옐로 도어 키친 | 시안 | 보 이노베이션

PART 4. Get it

Fashion ··· 226

쇼핑몰 ··· 228

IFC 몰 | 퍼시픽 플레이스 | 랜드마크 | 타임 스퀘어 | 리 가든스 | 엘리먼츠 | 하버 시티
1881 헤리티지 | 실버코드&아케이드

백화점&편집매장 ··· 260

레인 크로포드 | 온 페더 | 조이스 | 하비 니콜스

아울렛 ··· 270

트위스트 | 시티게이트 아울렛 | I.T 세일숍 | 스페이스 | 호라이든 플라자

로드숍 ···280

H&M | 펄스&캐시미어 | 빈티지 HK | 솔 타운 | 상하이 탕 | 막스&스펜서 | 페더 레드
바닐라 스위트

Living ··· 294

시티 슈퍼 | 그레이트 | 왓슨스 와인 셀러 | 므슈 샤테 | 스리 식스티 | 에콜스 | 프랑프랑 | GOD
홈아트 | 이케아 | 인디고 | 오보 | 홈리스 | 페이지 원 | 다이목스 | 아르마니 리브리 | 프린츠

PART 5. Enjoy it

Bar ··· 318

아르마니 바 | 아쥬르 | 블루 바 | 지 바 | 해비타트 라운지 | 오이스터&와인 바 | 살롱 드 닝

Club ··· 330

드래곤 아이 | 드롭 | 헤일로 | 키 클럽 | 민트 | 프리베 | 볼라

PART 6. Relax it

Hotel spa ··· 342

만다린 스파 | 더 스파 | 블리스 | 플라토 | 오리엔탈 스파

Boutique spa ··· 350

해피 풋 | 치바 하우스 | 스파 MTM | 주산리 | 센스 오브 터치 | 인덜전스 | 무란 스파 | 스파 록시땅

INDEX ··· 358

 # Plan it

홍콩을 여행하는 목적은 저마다 다르겠지만 최소한의 필수품은 동일하다. 여권과 항공권 그리고 호텔 바우처. 거기에 버라이어티한 홍콩의 매력에 빠져들 오픈 마인드와 넉넉한 두께의 지갑을 더하면 완벽한 홍콩 여행을 위한 준비가 마무리된다.

HL7786

여권과 비자 Passport & Visa 

마음만 먹으면 주말을 해외에서 보내는 것이 국내 여행만큼 편리해진 요즘, 여권쯤은 누구나 소지하고 있을 터. 해외 여행 시 대부분의 나라에서는 6개월 이상 유효기간이 남은 여권 소지자만이 입국이 허용된다. 홍콩도 다르지 않아 원칙적으로는 6개월 이상 유효기간이 남아 있는 여권이 있어야 하고 무비자로 체류할 수 있는 기간은 3개월이다. 한번은 갑작스럽게 홍콩을 여행하게 되어 여권을 확인해 보니 유효기간이 5개월밖에 남지 않은 것을 알게 되었는데, 여행사에 문의하니 리턴 항공 티켓만 있으면 크게 문제삼지 않는다고 하여 별 탈 없이 여행을 마친 적이 있었다. 하지만 방심은 금물이니 여행 전 반드시 여권의 유효기간을 확인하고 6개월 미만이라면 새 여권을 발급 받도록 하자. 홍콩 여행 시 마카오를 다녀올 경우 비자가 필요 없지만 심천 같은 중국 본토를 방문할 예정이라면 현지에서 단기 비자를 발급 받아야 한다.

● **외교통상부 해외안전여행 홈페이지** **www.0404.go.kr**

항공권 Air Ticket

홍콩 여행을 준비할 때 가장 먼저 확보해야 하는 것이 항공권이다. 매일 10편 정도의 비행기가 홍콩으로 취항하지만 주말이나 비수기에는 그 많은 좌석이 금세 만석이 돼버린다. 여행을 계획했다면 최소 2주 전, 넉넉하게는 1달 전에 항공권을 확보하는 것이 좋다. 나는 홍콩을 여행할 때 항공권과 호텔을 따로 예약하는 자유 여행을 선호하지만 홍콩을 처음 여행하거나 익숙하지 않은 사람이라면 일반여행사의 에어텔 패키지나 캐세이패시픽의 다양한 프로그램을 추천한다. 캐세이패시픽 외에 홍콩을 직항으로 운행하는 항공사는 대한항공, 아시아나항공, 타이항공이 있는데, 타이항공이 가장 저렴한 대신 하루에 한 편밖에 운행하지 않아 선택의 폭이 제한된다. 항공권은 대부분의 대형 여행사를 통해 견적을 문의해 보고 가장 저렴한 티켓을 이용하는 것이 좋다. 여행사를 통해 항공권을 예약하는 경우 항공권의 타입에 따라 환불이 불가능하거나 환불 시 많은 수수료가 부과되는 경우도 있고, 일정을 변경하거나 영문 이름이 잘못된 경우에도 수수료가 부과될 수 있으니 일정과 영문 이름을 확실하게 체크한 후 티켓을 결제해야 한다.

항공스케줄

항공사	운항 요일	인천 → 홍콩		홍콩 → 인천	
캐세이패시픽(CX)	매일	08:50	11:35	00:40	05:10
		09:30	13:45	09:30	14:05
		15:15	17:50	14:20	20:40
		20:05	22:45		
	금	17:15	20:00		
대한항공(KE)	매일	08:30	10:50	00:25	04:55
		10:10	12:45	12:25	17:00
		19:30	22:00	14:15	18:50
아시아나항공(OZ)	매일	09:05	11:45	00:30	05:05
		19:45	22:30	13:15	17:45
타이항공(TG)	매일	10:20	12:55	15:30	20:10

● 출도착 시간은 현지 시간 기준 ● 항공사 사정에 따라 스케줄이 변경될 수 있음 ● 캐세이패시픽의 경우 대만 경유 항공편 제외

캐세이패시픽 Cathay Pacific

홍콩에 거점을 둔 홍콩 대표 항공사답게 인천과 홍콩 구간을 매일 4회 운항하며 항공권과 연계된 다양한 프로그램을 마련해 놓고 있다. 특히 얼리버드 특가나 홍콩을 경유해 다른 나라를 함께 여행할 계획이라면 이보다 더 좋은 스케줄이 없을 정도다. 실제로 여름 휴가를 이용해 홍콩과 싱가포르를 여행했을 때 세금 포함 40만 원 정도의 가격으로 두 나라를 모두 여행할 수 있었다. 싱가포르 외에 방콕, 하노이, 호치민, 쿠알라룸푸르, 프놈펜 등도 비슷한 요금대이고, 유럽과 호주 등지로의 여행 시에도 직항편보다 훨씬 저렴한 가격에 이용할 수 있다. 다만 스톱오버는 한 번만 허용되고 두 번 모두 스톱오버를 할 경우 추가 요금을 지불해야 한다. 캐세이패시픽에서 운영하는 수퍼시티Supercity와 비지트홍콩Visit Hong Kong 프로그램은 호텔 등급과 교통, 투어, 조식 등의 옵션에 따른 선택의 폭이 넓고, 불필요한 관광 코스가 없어 더욱 알찬 여행을 즐길 수 있다. 비지트홍콩은 항공권과 호텔만 포함된 패키지이고, 수퍼시티는 항공권과 호텔, 공항~호텔 간 교통, 조식이 포함된 패키지이다. 또한 캐세이패시픽 여행객은 홈페이지에서 출력해 사용할 수 있는 얌싱 쿠폰Yum Sing Coupon으로 레스토랑과 관광지, 스파, 쇼핑의 다양한 혜택을 누릴 수 있다.

● 캐세이패시픽 **www.cathaypacific.com**

대한항공과 아시아나항공은 우리나라를 대표하는 국적기로 예약과 수속, 탑승, 기내 서비스에서 여타 외항사보다 편리하다. 대한항공은 인천~홍콩을 매일 3회 운항하며, 아시아나항공은 주중 2회, 주말(금~일)3회를 운항한다. 기본 요금은 캐세이패시픽보다 약간 비싼 편이지만 주말 요금이나 성수기 때는 별 차이가 없다. 가끔 홈페이지를 통해 특별 항공권 이벤트를 실시하니 홈페이지를 자주 체크해 보면 뜻밖의 횡재를 만날 수도 있다. 두 항공사 모두 에어텔 패키지를 운영하고 있지만, 선택할 수 있는 호텔 종류가 다양하지 않고 요금도 저렴한 편이 아니어서 그리 권하고 싶지는 않다. 홈페이지보다는 항공권 전문 여행사를 통해 예약하는 편이 저렴하고, 항공권 결제 후에는 홈페이지를 통해 미리 체크인하고 좌석을 지정할 수 있다.

- 대한항공 www.koreanair.com
- 아시아나항공 www.flyasiana.com

호텔 예약 Booking Hotel

홍콩의 숙소는 그야말로 무궁무진하다. 홍콩 여행에서는 특급 인터내셔널 호텔부터 백패커를 위한 게스트하우스, 장기체류자를 위한 레지던스 아파트먼트까지, 여행의 목적과 일정, 예산에 따라 입맛에 맞는 숙소를 고르는 재미가 쏠쏠하다. 패키지 여행이나 에어텔 패키지를 이용하지 않는다면 홈페이지나 이용객 후기를 통해 여러 호텔을 비교해 보고 본인의 취향에 맞는 호텔을 골라보자. 홍콩 호텔을 선정할 때 가장 중요한 기준은 뭐니뭐니해도 편리한 교통편이 우선이다. 홍콩 외곽 지역을 돌아볼 계획이 아니라면 도심 한가운데 있는 호텔이 가장 편리하고 그만큼 가격도 비싸다.

호텔을 예약하는 가장 편리한 방법은 호텔 예약 전문회사를 통하는 것이다. 대개의 호텔 예약 전문회사들은 주요 도시에 중점적으로 판매하는 추천 호텔이 있다. 이러한 추천 호텔은 새로 건립되었거나, 보수 후 재개관 등으로 새로운 고객 형성을 위해 또는 기존 호텔 중 고객 감소를 만회하기 위해 일시적으로 특별가를 제공하는 경우다. 이를 잘 활용하면 파격적인 할인 가격으로 숙소를 해결할 수 있다.

호텔패스 World Hotel Center

우리나라 최대 호텔 예약사이트인 ㈜월드호텔센터의 온라인 예약사이트 호텔패스는 전세계 2만여 호텔의 데이터베이스를 구축하고, 여행자가 직접 원하는 호텔을 선택하여 예약할 수 있도록 하는 시스템을 갖추고 있다. 해당 지역 호텔 혹은 도매업체와 직접 거래해 정상 요금보다 최고 70%까지 할인된 가격으로 실시간 구매가 가능하다는 것이 가장 큰 장점이다. 호텔 이용 후기들과 호텔 정보 및 호텔 주변지역 지도를 프린트할 수 있어 여행을 준비할 때 많은 도움이 된다. 회원으로 가입할 경우 이용 실적에 따라 포인트 적립 및 호텔 예약 시 포인트 이용 가능, 추가 할인율 적용 등 다양한 특전이 제공된다. 또한 투숙하고자 하는 호텔에 관한 전반적인 내용은 물론 현지의 교통편 등 자세한 정보들도 함께 살펴볼 수 있다.

www.hotelpass.com

해외호텔 예약 사이트 International Hotel Booking

해외로 자유여행을 많이 경험한 여행자라면 해외호텔 사이트를 통해 호텔을 예약하는 것도 좋은 방법이다. 대부분의 국내 여행사에서 연계한 추천 호텔보다 훨씬 다양한 호텔 정보를 얻을 수 있다. 홍콩 호텔 전문 회사이거나 아시아 호텔 전문 회사라면 그만큼 더 디테일한 정보와 저렴한 가격을 제시한다. 전세계 다양한 여행자들의 개인적이고 세세한 리뷰를 통해 호텔과 주변 정보를 공유할 수 있고, 국내 호텔회사에서 제공하지 않는 부티크 호텔이나 레지던스 아파트먼트에 대한 정보도 다양하게 마련해 두고 있다. 다만 예약과 동시에 결제를 해야 하는 시스템이 대부분이라 일정 변경이 불가능하거나 환불이 안 되는 경우도 있으니 신중하게 결정해야 한다. 홍콩 호텔 예약에 유용한 사이트 두 곳을 소개한다.

www.hotel.com.hk
www.hotelinhongkong.net

짐 싸기 Packing Luggage

의류와 액세서리 Clothing & Accessories

우리나라만큼 뚜렷하진 않지만 홍콩에도 사계절이 있다. 2~4월, 10~11월은 우리나라 초여름 정도의 기후로 여행하기 가장 좋은 날씨다. 스커트나 청바지에 얇은 티셔츠 차림이면 완벽하다. 5~9월의 한여름 기온은 우리나라 여름과 크게 다르지 않지만 습도가 90% 이상이라 가만히 서 있기만 해도 온몸이 땀 범벅이 될 정도다. 반팔이나 슬리브리스 톱 차림이 적당하지만 쇼핑몰이나 레스토랑에서 뿜어져나오는 차가운 에어컨 바람을 견디려면 얇은 카디건이나 재킷을 꼭 상비해야 한다. 6~7월에는 아열대성 소나기인 스콜이 시도 때도 없이 쏟아진다. 하지만 비가 내리는 시간은 10분도 안 되니 가까운 건물이나 처마 밑에 잠깐 몸을 피하면 된다. 12~1월의 겨울은 가을 날씨 정도로 선선하지만 아침저녁으로 기온 차가 심한 편이어서 때로는 얇은 코트가 필요하기도 하다. 비라도 내리면 기온이 더 떨어지기 때문에 휴대가 간편한 재킷 정도는 구비하는 편이 낫다.

매치하기 쉬운 베이식한 상의와 하의 각각 두세 벌, 카디건 또는 재킷을 기본으로 심플한 로퍼나 플랫 슈즈를 매치하면 낮 동안은 문제없다. 저녁식사 후 바나 클럽에 갈 예정이라면 구김이 잘 가지 않는 심플한 드레스를 챙기자. 대신 부피가 작은 액세서리와 클러치백을 활용해 화려함을 더하는 센스가 필요하다. 여행할 때는 아무리 짐을 적게 가져가려고 해도 주워담다 보면 부피가 커지게 마련인데, 목적지가 홍콩이라면 상황은 달라진다. 가지고 간 옷보다는 현지에서 마련한 옷들로 나머지 일정을 소화하기 일쑤고 아무리 짧은 일정이어도 돌아올 때는 러기지백이 닫히지 않을 정도로 짐이 늘어난다. 러기지백을 여유 있는 사이즈로 마련하고 혹시나 모를 쇼핑 과부하에 대비해 접이식 가방을 추가로 준비하는 것도 잊지 말자.

화장품 Cosmetics

기내에 액체류 용량 제한이 실시되면서 코즈메틱 케이스를 따로 챙겨갈 수 없어져 그만큼

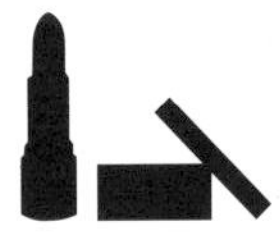

러기지백의 공간이 줄게 돼 아쉬울 따름이다. 일정이 길지 않다면 화장품은 평소 사용하는 큰 용량 제품보다는 휴대용 케이스에 필요한 양만 덜어가거나 샘플을 가져가서 내용물을 사용한 뒤 케이스는 버리고 오는 것이 편리하다. 기초 제품 외에 기내에서나 취침 전에 사용할 마스크팩, 건조한 기내에서 수분을 공급해 줄 수 있는 미스트를 챙기는 것도 필수다. 홍콩의 햇볕은 매우 강렬해서 자외선 차단 지수가 높은 선블럭과 선글라스는 반드시 챙겨야 한다. 대부분의 3성급 이상 호텔에는 샴푸와 린스, 보디워시, 칫솔 등의 일회용품들이 구비되어 있는데, 가끔 본인의 타입과 맞지 않는 제품이 구비되어 있을 수 있으니 일회용 제품이나 헤어 에센스 정도는 챙겨가는 것이 좋다.

환전 Exchange

2010년 현재 홍콩 환율은 HKD100=14,000원이다. 홍콩 현지에서 환전하는 조건은 매우 불리하니 여행 전 반드시 환전을 미리 해야 한다. 외환은행을 제외하고 홍콩달러를 상비하는 은행은 흔치 않다. 평소 이용하는 주거래 은행의 홈페이지에서 인터넷으로 환전하는 것이 수수료 공제 등 여러 면에서 유리하다. 외환은행 홈페이지에서 환전을 신청하고 해당금액을 입금하면 지정해 놓은 근처 지점이나 인천공항 외환은행 지점에서 바로 찾을 수 있다.

전화 이용과 시차 Global Roaming & Time Difference

홍콩은 2G, GSM. WCDMA 방식을 모두 사용하기 때문에 손쉽게 자동로밍 서비스를 이용할 수 있다. 최신 기기라면 대부분 자동로밍이 가능한데, 기기에 따라 본인이 사용하고 있는 통신사에서 무료로 기기 대여가 가능하다. 홍콩에 도착해 휴대폰을 켜면 자동으로 또는 수동 지역 변경을 통해 서비스존이 바뀐다. 홍콩에서 한국으로 전화를 걸 때는 일반 국제전화 양식으로 전화를 해야 하고(예. 00700-82-10-XXXX-XXXX), 홍콩 내 번호로 통화를 할 경우는 아무런 코드 없이 여덟 자리의 전화번호만 입력하면 된다. 문자 서비스는 한국에서 이용할 때처럼 똑같은 방식으로 전송하면 된다. 홍콩과 우리나라의 시차는 1시간으로 홍콩이 더 빠르다.

홍콩으로 출발 Departure for Hong Kong

인천국제공항 Incheon International Airport

체크인을 하려면 최소한 1시간 30분 전에는 공항에 도착해야 한다. 여름, 겨울 성수기나 추석 또는 설 연휴, 크리스마스같이 여행객이 포화가 되는 시즌에는 최소한 2시간 전에 도착하는 것이 좋다. 대한항공과 아시아나항공을 이용하면 삼성동 공항터미널에서 미리 체크인을 할 수 있는데, 비행기 출발 3시간 전까지만 허용된다. 대한항공과 아시아나항공은 국적기이기 때문에 출국 시간에 급박하게 도착해도 되도록이면 승객 탑승을 우선으로 하지만 캐세이패시픽이나 타이항공 같은 외항사는 20분 전 보딩을 철저히 지키기 때문에 1분만 늦어도 탑승이 거부된다. 특히 외항사의 홍콩발 게이트는 터미널2에 있으니 국적기 이용 시보다 조금 더 서둘러야 한다.

● 인천국제공항 **www.airport.kr**

항공사 VIP 라운지 Airline VIP Lounge

인천국제공항에는 한국을 취항하는 대부분의 항공사가 운영하는 VIP 라운지가 있다. 일반적으로 비즈니스석 이상 탑승객이면 출입이 가능하며 항공사 회원 등급에 따라 본인 또는 동반 1인까지 입장이 가능하다. 보통 항공기 탑승 시간 2시간 30분 전부터 오픈하는데, 대한항공과 아시아나항공은 출항지가 많아 휴식 시간 없이 항공기 운항 시간 내내 오픈한다고 보면 된다. 최근에는 연합된 항공사에서 라운지를 통합하여 운영하는 추세이고 대한항공과 아시아나항공도 예외가 아니어서, 다른 항공사 승객과 함께 라운지를 이용해야 하기 때문에 성수기에는 다소 혼잡한 편이다. 캐세이패시픽과 타이항공도 별도의 VIP 라운지를 운영하고 있지만 대한항공이나 아시아나항공 라운지만 못하다.

비즈니스 라운지 Business Lounge

인천국제공항 내에는 항공사 VIP 라운지 외에 인터넷 라운지와 회원가입 시 이용할 수 있는 프리오리티 패스 Priority Pass 라운지, BC카드 라운지 등이 있다. 인터넷 라운지는 24시간 무료로 이용이 가능하며, 복사와 팩스, 스캔, 프린트 등의 서비스를 유료로 이용할 수 있다. 자세한 사항은 인천국제공항 홈페이지에서 확인 가능하다. 프리오리티 패스는 전세계 여행자를 위한 국제적인 라운지 서비스로 연간 또는 평생 회원권을 구입한 후 전세계 600여 개국에서 라운지 서비스를 이용할 수 있다. 스탠더드 회원(연회비 USD99)은 1회 이용 시 USD27을 지불해야 하고, 스탠더드 플러스 회원(연회비 USD249)은 10회까지 무료로 라운지를 이용할 수 있으며 동반자는 USD27의 이용료를 내야 한다. 인천국제공항에서는 대한항공 라운지와 아시아나항공 라운지, 허브라운지, 마티니라운지 이용이 가능하다. 대부분의 신용카드사에서 프리오리티 패스 겸용이 가능한 상품을 보유하고 있으니 여행이 잦은 편이라면 하나쯤 구비해 두는 것도 좋은 방법이다.

● 프리오리티 패스 **www.prioritypass.co.kr**

한국에서 홍콩까지 가는 데 걸리는 시간은 약 3시간 30분이다. 한국과 홍콩의 시차는 1시간. 첵랍콕이라 불리는 홍콩 공항은 여행, 비즈니스, 스톱오버 등으로 성수기, 비성수기 할 것 없이 언제나 수많은 사람들로 혼잡하다. 비행기가 내리고 'Arrival' 표시를 따라가면 입국심사대가 나오는데 이곳에서 간단한 입국심사를 거치게 된다. 심사가 끝나면 수하물을 찾고 AEL, 택시, 호텔 셔틀버스, 리무진, 버스 등을 이용해 도심으로 이동하면 된다.

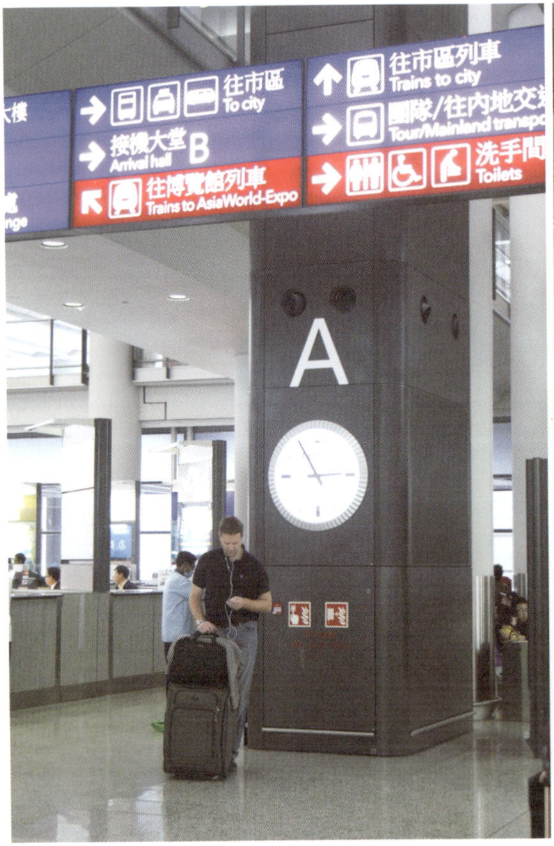

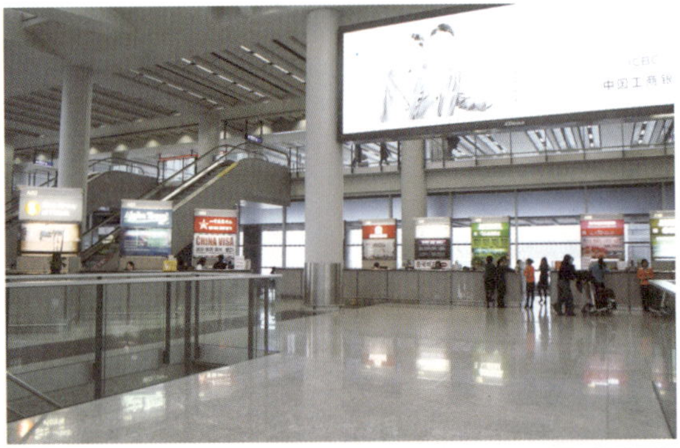

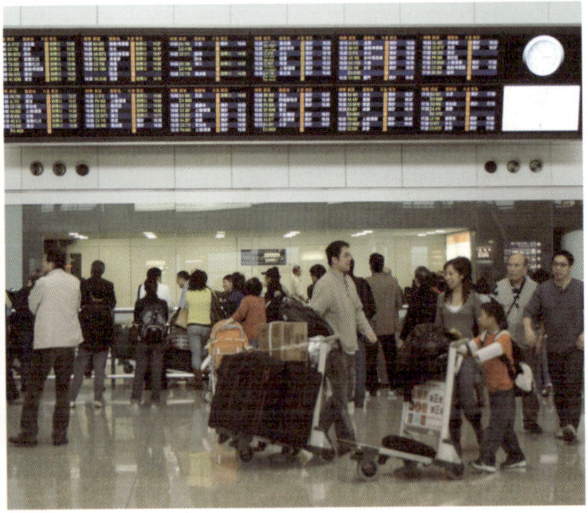

'Hong Kong International Airport Frequent Visitor Card'의 약자인 HKIA FVC는 홍콩 공항에서 홍콩 공항을 자주 방문하는 사람에게 발급해 주는 카드다. 홍콩 거주자를 제외하면 복잡하기 이를 데 없는 홍콩 공항의 입국심사대를 줄 서지 않고 간단한 절차만으로 통과할 수 있는 유일한 카드다. 입국심사대에는 홍콩 거주자와 방문자를 심사하는 라인이 분리되어 있는데, 그 가운데 위치한 창구가 바로 HKIA FVC 라인이다. 카드의 바코드로 본인 확인 후 입국심사를 받을 수 있다. 이 카드를 만들려면 홍콩국제공항 홈페이지에서 화면 왼쪽 아래에 보이는 HKIA FVC 박스를 클릭하고 안내에 따라 신청서를 작성하면 된다. 만 18세 이상으로 지난 12개월간 3차례 이상 홍콩을 방문한 여행객이라면 누구나 신청할 수 있다. 온라인과 우편, 또는 직접 방문하여 카드를 신청할 수 있는데 온라인으로 하는 것이 가장 편리하다. 홈페이지에 나와 있는 신청서 양식대로 기재하고 홍콩 방문 시 받았던 입국 확인 스탬프가 찍힌 여권 페이지를 스캔하여 메일로 보내면 된다. 특별한 문제가 없는 한 8주 내에 우편으로 카드를 받을 수 있으며 유효기간은 2년이다. 만료기간이 다가오면 FVC 채널에서 연장에 관련된 이메일을 보내주는데, 지난 2년간 6회 이상 홍콩을 방문했다면 추가로 2년이 연장된다.

●홍콩국제공항 **www.hongkongairport.com**

공항에서 도심으로 Transfer to City

홍콩은 워낙 크지 않은 곳이기 때문에 공항에서 도심으로 이동하는 시간은 1시간 정도면 충분하다. 이동 수단으로는 AEL, 택시, 호텔 셔틀버스, 리무진, 버스 등이 있는데, 요금은 저렴하지만 루트가 복잡하고 시간이 오래 걸리는 버스는 여러 모로 불편하다. 공항이 넓은 편이라 각 이동수단에 따라 탑승하는 곳이 모두 다르므로 인포메이션 센터나 공항 안내도에서 위치를 미리 확인해야 한다.

공항고속전철 AEL

도심과 공항을 연결하는 고속전철인 AELAirport Express은 공항과 도심을 잇는 가장 빠르고 편리한 교통수단이다. 매일 오전 05:50부터 다음날 오전 01:15까지 운행되며 운행 간격은 약 12분 정도로, 공항에서 카우룽역Kowloon Station을 지나 홍콩역Hong Kong Station까지 가는 데 24분밖에 걸리지 않는다. 티켓은 인포메이션 데스크나 무인발권기에서 구매할 수 있고, 옥토퍼스 카드로도 결제가 가능하다. 공항 → 카우룽역 간 편도요금은 HKD90, 왕복은 HKD160이고, 공항 → 홍콩역 간 편도요금은 HKD100, 왕복은 HKD180이다. 호텔이 홍콩섬 쪽에 있다면 홍콩역에, 카우룽 쪽에 있다면 카

우룽역에 내리면 되고, 호텔까지 무료로 연계되는 셔틀버스를 이용하거나 택시 또는 MTR로 이동하면 된다. AEL을 이용하고 1시간 이내에 MTR로 환승하면 MTR 요금이 무료다. AEL 1회 이용과 MTR을 3일 동안 무제한으로 이용할 수 있는 티켓은 HKD220, AEL 2회 이용과 MTR을 3일 동안 무제한으로 이용할 수 있는 티켓은 HKD300으로 2박3일 또는 3박4일 일정에 적합하다.

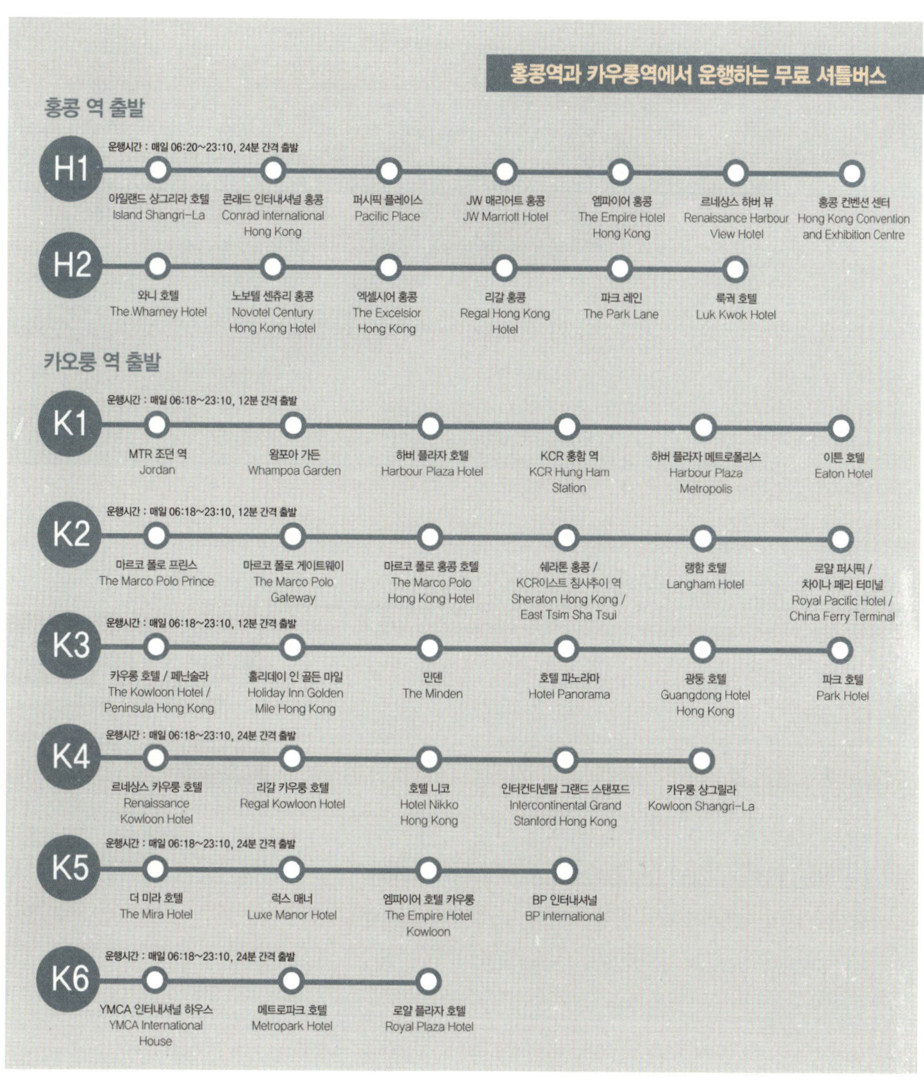

택시 Taxi

다른 교통 수단에 비해 요금이 다소 비싸긴 하지만 호텔까
지 다이렉트로 이동하기에 택시만큼 편리한 것도 없다. 공
항에서 센트럴의 호텔까지 약 45분에서 1시간가량 소요되
고 요금은 약 HKD350 정도다. 짐칸에 가방을 실을 경우
한 개당 HKD5가 추가되고 터널 이용료도 따로 부과된다.
3~4명이라면 시간과 번거로움을 감안할 때 다른 교통편보
다 택시가 더 편리하다.

공항에서 시내의 대표명소를 연결해 주는 리무진 버스다. 우리나라의 공항버스 600번 대와 비슷한 개념이라고 보면 된다. 요금은 HKD20~40로 매우 저렴하지만 시간이 많이 걸리고 가까운 역에 내려서 호텔로 다시 이동해야 하는 번거로움이 있다. 심야노선이 따로 있어 밤에 출도착하는 여행객이 주로 이용한다.

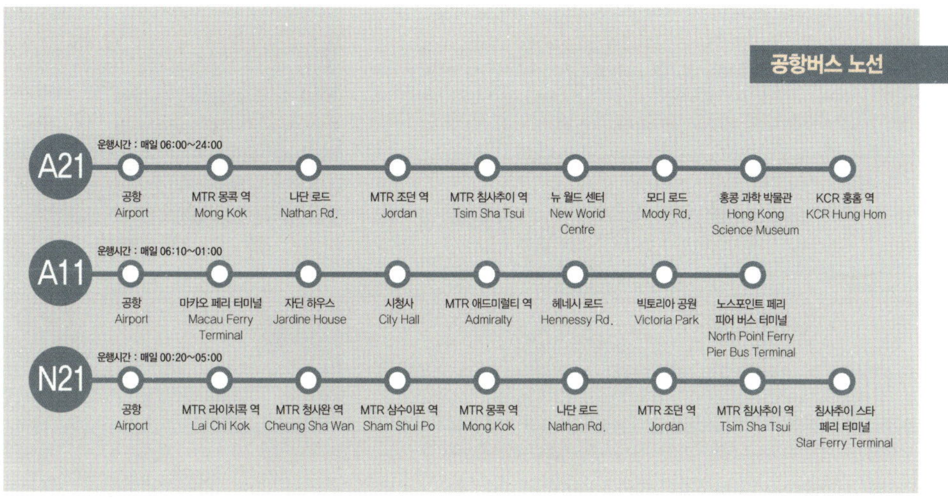

공항과 호텔을 다이렉트로 연결하는 리무진버스다. 대한항공의 칼 리무진Kal Limousine과 비슷한 개념이다. 공항에서 호텔로 바로 연결해 주는 편리함은 택시와 같고 요금도 택시에 비하면 저렴한 편이지만, 목적지에 따라 운행 간격이 30분~1시간이나 되어 타이밍을 맞추지 못하면 다른 교통편을 이용하는 것이 좋다. Arrival Hall의 여행사 카운터에서 티켓을 구매하면 여행사 직원이 리무진 대기실로 안내해 준다. 승객의 목적지에 따라 정차하는 호텔이 달라지기도 하니 미리 가고자 하는 호텔을 말해야 한다. 요금은 카우룽 쪽 노선이 편도 HKD130, 홍콩섬 쪽 노선이 HKD140이다.

일반 여행객이라면 차량과 드라이버 서비스가 포함된 리무진을 이용할 일이 없겠지만 홍콩을 스톱오버하는 허니무너라면 한 번쯤 이용해 볼 만하다. 리무진에 이용되는 차량은 대부분 메르세데스 벤츠로 클래스에 따라 요금이 달라진다. 메르세데스 벤츠 S320 모델의 경우 공항~홍콩섬 간의 편도 요금이 약 HKD700 정도다. Airport Hotelink Limo Services Ltd. 또는 Parklane Limousine Services Ltd.를 통해 예약할 수 있다. 두 여행사 모두 리무진과 호텔 코치를 함께 운영하고 있기 때문에 탑승 라운지가 같다. 특급 호텔에 묵을 예정이라면 호텔 예약 시 리무진을 함께 예약할 수 있다. 각 호텔마다 보유하고 있는 리무진은 모두 다르며, 페닌슐라 호텔의 리무진은 롤스로이스다.

- Airport Hotelink Limo Services Ltd. **www.trans-island.com.hk**
- Parklane Limousine Services Ltd. **www.hongkonglimo.com**

Discount Ticket 할인 티켓 구입하기

홍콩 공항의 입국장(Arrival Hall)에는 각 호텔마다 숙박과 리무진 서비스를 위한 데스크와 시티투어, 관광지 입장권, 교통편 등을 판매하는 여행사 데스크가 마련되어 있다. 이중 Arrival Hall A에는 하나투어와 드림투어 두 개의 한국 여행사가 있다. 이곳에서는 홍콩, 심천, 마카오 데이투어와 오션파크, 디즈니랜드, 마담 투소와 피크 트램 등의 관광지 입장료 할인, AEL, 마카오 페리 등의 교통편을 할인해 준다. AEL의 경우 공항~홍콩 왕복 티켓이 HKD180 → HKD150로 할인되고, 밀랍인형 박물관인 마담 투소는 HKD160 → HKD90로 할인 폭이 매우 크다.

도심 교통 City Transportation

홍콩이 아무리 작다고 해도 모든 구간을 도보로만 다닐 수는 없다. 효율적이고 쾌적한 시설의 교통수단들을 잘 이용하면 몇 배는 더 짜임새 있게 여행을 즐길 수 있다. 홍콩 섬 내에서는 MTR과 택시를 이용하고, 카우룽 반도와 홍콩섬을 이동할 때는 페리가 편리하다. 요금은 우리나라와 비슷한 수준이고 버스나 트램을 제외하면 편리성이나 쾌적함으론 한 수 위다.

택시 Taxi

런던 택시가 블랙캡, 뉴욕 택시가 옐로캡으로 불리는 것처럼, 홍콩에서는 레드캡이 도시의 상징이다. 지역마다 레드, 그린, 블루 택시로 구분되지만 홍콩섬과 카우룽반도를 운행하는 것은 레드캡이다. 기본 요금은 HKD18로 짐칸을 이용하면 짐 한 개당 HKD5를 지불해야 한다. 자동으로 문이 열리고 닫히며 택시기사 대부분이 목적지 정도의 영어소통은 가능하지만 새로 생긴 호텔이나 외진 곳은 지도를 보여주거나 정확한 주소를 알려줘야 한다. 홍콩 도심은 꽤나 복잡한 편이고 특히 출퇴근 시간에는 교통 혼잡이 절정을 이루니 그 시간에는 MTR이나 도보를 이용하는 것이 좋다. 또한 홍콩의 차도는 일방통행이 많아 빙빙 돌아가기 일쑤기 때문에 가까운 거리라면 걸어가는 편이 낫다. 좁은 도로나 인적이 드문 곳에서는 아무 데서나 택시가 정차하지만 복잡한 도심에서는 택시 승하차 구간이 정해져 있다. 복잡한 곳에서 택시를 잡아야 한다면 근처 호텔이나 쇼핑몰 등 사람들이 수시로 드나드는 장소로 가는 것이 가장 빨리 택시를 잡을 수 있는 방법이다.

홍콩의 지하철은 매우 쾌적하고 유용하다. 대부분의 관광지, 쇼핑몰과 연결되고 저렴한 요금과 빠른 속도로 여행의 기동성을 더한다. MTR 역에는 무인티켓발급기가 설치되어 있는데, 터치스크린 방식으로 원하는 목적지를 설정하고 요금을 지불하면 티켓이 나온다. 옥토퍼스 카드로도 이용이 가능하며 MTR 역에서 구매와 충전이 가능하다. 가장 짧은 구간의 요금이 HKD4이고 구간에 따라 요금이 달라진다. 여행자를 위한 원데이 티켓과 투데이즈 티켓, AEL과 연계된 3일 무제한 티켓이 있고 디즈니랜드 리조트 구간과 하루 동안 MTR을 무제한 이용할 수 있는 디즈니랜드 리조트 라인 데이 패스Disneyland Resort Line Day Pass는 HKD50에 이용할 수 있다.

● **www.mtr.com.hk**

페리 Ferry

홍콩은 예전부터 빅토리아 하버를 중심으로 무역업이 성행했다. 비행기가 없던 시절, 비즈니스의 가장 중요한 수단이었던 페리는 이제 서민들의 편리한 이동 수단, 관광객의 이국적인 체험으로 이어지고 있다. 침사추이~센트럴, 침사추이~완차이, 홍함~센트럴, 홍함~완차이 네 구간을 운행하는 페리는 구간에 따라 편도 HKD1.7~5.3의 저렴한 요금을 자랑한다. 레지던스 지역인 홍함이나 완차이보다는 침사추이~센트럴 구간이 가장 유용한 라인으로 약 7분 정도 소요된다. 중국 본토와 이어진 카우룽 반도와 홍콩섬을 연결하는 가장 편리하고 재미난 교통편인 페리는 바다를 건넌다는 기분 좋은 설렘을 만끽하게 해준다.

● **www.starferry.com.hk**

홍콩을 상징하는 교통 수단 중 비주얼로 가장 눈길을 끄는 것은 뭐니뭐니해도 트램이다. 100년이 넘는 역사를 가진 오래된 전차는 세련된 디자인의 광고를 입고 셩완과 코즈웨이 베이를 느릿하게 가로지른다. 에어컨도 없고 안내방송도 없어 여행자 입장에선 매우 불편한 교통 수단이지만 여유롭게 홍콩의 거리를 구경하고 싶다면 트램만한 것도 없다. 안내방송이 없으니 거리의 랜드마크를 보고 적당한 위치에서 눈치껏 내려야 한다. 나같이 성질 급한 여행자라면 직접 타는 것보단 눈요기로 만족하는 것이 좋을 듯. 에르메스, 디올, 상하이 탕, 모스키노, H&M 등의 최신 광고 트렌드를 한눈에 보는 재미가 쏠쏠하다.

● **www.hktramways.com**

홍콩을 대표하는 이미지 중 하나인 야경을 감상하는 방법은 크게 두 가지다. 침사추이 쪽에서 홍콩섬을 바라보는 것과 홍콩섬의 고지대인 피크에서 아래를 내려다보는 것. 매일 저녁 8시에 시작하는 심포니 오브 라이트(Symphony of Light)를 감상하려면 침사추이로, 빌딩숲과 녹음, 바다를 한눈에 감상하고 싶다면 피크를 추천한다. 피크에는 야경을 감상할 수 있는 다양한 포인트가 있어 '홍콩에 갔다 왔음'을 증명하는 야경사진의 배경으로도 많이 등장한다. 또한 밀랍인형 박물관인 마담 투소(Madame Tussauds)를 둘러보거나 다양한 컨셉트의 레스토랑과 카페에서 야경을 감상하며 맛있는 식사를 즐기기도 좋다.

오전 7시부터 오후 12시까지 10~15분 간격으로 운행되며 편도 요금은 HKD22, 왕복은 HKD33이다. 홍콩 공항의 한국여행사에서는 피크 트램과 마담 투소를 연계한 패키지를 HKD120에 판매한다.

홍콩을 떠날 때 Departure from Hong Kong

2박3일이건 9박10일의 일정이건, 홍콩에선 단 하루도 허투루 보내지 않았다고 자부해도 지난 시간이 아쉽고 남은 일정이 야박할 따름이다. 홍콩에 남아 있는 미련을 줄이기 위해서는 마지막까지 더 부지런히 움직이는 수밖에 없다. 그러기 위해서는 카우룽역과 홍콩역에서 인타운 체크인을 마치고 비행기에 오를 때까지 최대한의 시간을 확보해야 한다. 쇼핑과 식도락, 마사지 등 홍콩의 즐길 거리는 여전히 무궁무진하다.

인타운 체크인 In-Town Check-In

AEL 정거장인 카우룽역과 홍콩역의 가장 좋은 점은 인타운 체크인이 가능하다는 점이다. 홍콩역은 일반 기차역 기능뿐 아니라 도심공항터미널 역할도 하기 때문에, 바로 짐을 부치고 좌석을 배정받은 후 여유 있게 공항에 갈 수 있다. 여행 마지막 날에는 서둘러 호텔 체크아웃을 하고 가까운 역으로 이동해 인타운 체크인으로 러기지를 모두 부친 후 남은 시간 동안 근처 쇼핑몰에서 쇼핑이나 투어, 식사로 마무리하면 좋다(홍콩역은 IFC몰과 연결되고 카우룽역은 엘리먼츠와 연결된다). 또는 공항과 가까운 시티게이트 아울렛에서 쇼핑과 식사 등을 해결할 수 있는데 시티게이트 아울렛에서 공항까지는 택시로 5분 거리라 매우 가깝다. 인타운 체크인을 했다면 공항에 최소 1시간 전에는 도착해야 하고 공항에서 직접 체크인할 예정이라면 2시간 전에는 도착해야 한다.

첵랍콕 공항 또한 홍콩 시내에 뒤지지 않는 쇼핑 스폿이다. 샤넬, 구찌, 페라가모 등 웬만한 명품 브랜드는 거의 다 입점해 있으며, 로컬 매장에 비해 종류는 적지만 브랜드 별로 할인을 많이 하는 편이다. 어른들이 좋아하는 중국 월병이나 페닌슐라 숍에서 파는 초콜릿, 차이니즈 티는 선물용으로 적당한 아이템이다.

빡빡한 일정에 심신이 피로하다면 라운지에서 휴식을 취해보자. 홍콩국제공항은 아시아 최대의 허브 공항답게 대부분의 항공사 라운지와 페이 라운지가 있다. 대한항공과 아시아나항공의 첵랍콕 공항 VIP라운지는 규모와 시설 등 모든 면에서 인천국제공항 라운지보다 한참 모자라다. 대신 캐세이패시픽은 홍콩 최고의 항공사답게 어마어마한 규모와 다양한 테마의 공간을 갖춘 라운지 서비스로 명성이 높다. 특히 중국, 일본 등의 아시아 면 요리를 맛볼 수 있는 누들바Noodle Bar와 다양한 칵테일을 즐길 수 있는 쇼트바Short Bar가 인기다. 프리오리티 패스 카드로 이용할 수 있는 페이 라운지는 두 곳이 있는데, 프리오리티 패스 카드가 없다면 시간에 따라 요금을 지불하면 된다. 식사와 음료, 인터넷 등 시설이나 서비스는 일반 항공사 라운지와 크게 다르지 않다.

센트럴 Central

"Are you Central?" 아시아의 중심 홍콩, 그 가운데서 찬란히 빛나는 센트 럴의 위용과 가치는 이 문구에서 가장 잘 드러난다. IFC 빌딩에서 직장생활을 하고, 레인 크로포드Lane Crawford에서 퍼스널 쇼퍼와 함께 쇼핑을 하고, 환상적 인 미식의 세계를 경험할 수 있는 피에르Pierre에서 셰프 다이너를 맛보는 것. 센트럴에서는 이 모든 것이 평범한 일상의 하루일 뿐이다.

Count on UPS
GAS   14.500 ↑ 0.420 HSBC HOLDING
HANG   29.750 ↑ 1.450 HK ELECTRIC

caffè
HABITŪ
caffè HABITŪ
THE ULTIMATE ITALIAN
CAFFÈ E BAR EXPERIENCE

완차이 Wanchai

홍콩을 처음 방문했을 때, 홍콩에 사는 친구는 완차이가 그저 평범한 주거지역이라고 설명했었다. 그리고 7년, 그동안 완차이는 내가 홍콩을 찾을 때마다 한 번도 같은 모습의 길을 보여준 적이 없다. 홍콩 부호들의 세련된 인테리어를 담당하는 오보Ovo, 스타 스트리트Star Street를 중심으로 하나 둘씩 들어선 스타일리시한 숍과 아기자기한 레스토랑들. 이제 완차이를 빼고 홍콩의 트렌드를 논하는 건 불가능해졌다.

崇光
SOGO
BROOKS BROTHERS

코즈웨이 베이 Causeway Bay

소고 백화점이나 타임 스퀘어Times Square 앞 광장에 10분만 서 있으면 수백 명의 홍콩인을 지나칠 수 있다. 코즈웨이 베이는 어쩌면 가장 전형적인 홍콩 사람의 모습일지도 모른다. 좁은 공간을 효율적으로 활용하는 센스, 퀄리티에 부합하는 합리적인 가격, 혼이 쏙 빠질 정도의 분주함 속에서도 나름대로의 질서를 이뤄내는 기민함. 샤넬부터 유니클로까지, 홍콩의 진정한 다양성을 몸소 체험할 수 있는 곳이 바로 코즈웨이 베이다.

침사추이 Tsim Sha Tsui

선입견이란 무섭다. 오래전 홍콩 영화에서 봤던 청킹맨션 Chungking Mansion의 음산한 기운은 내가 갖고 있는 침사추이에 대한 굳은 이미지다. 명동과 이태원을 7:3으로 섞어놓은 것 같은 나단 로드Nathan Road에서는 조잡한 이미테이션으로 관광객을 호객하는 검은 피부의 사람들과 고단한 삶에 찌든 얼굴로 바삐 움직이는 현지인들을 쉽게 만날 수 있다. 앞만 보고 달려온 홍콩의 치열한 현대사는 여전히 침사추이 골목골목마다 빨간 인두처럼 남아 있다.

香港洋務工會
九龍
遊樂部
龍
九
香港
WAVE SALON
www.bochk.com
WAVE

여행자에게 호텔이 차지하는 비중은 저마다 다르다. 어떻게 보면 호텔 선택에서 그 사람의 여행 취향이 가장 크게 드러나는 것 같기도 하다. 저렴한 게스트하우스에서 경비를 최대한 아끼는 사람도 있을 것이고, 최고급 호텔에서 누리는 호사를 여행의 또 다른 즐거움으로 생각하는 사람도 있을 것이다. 사람마다의 개성과 여행 스타일, 경제 사정에 따라 다르지만, 나에게 여행에서 호텔이 차지하는 비중은 50% 이상이다. 대개 좋은 호텔일수록 편리한 위치와 쾌적한 룸, 여행에 유용한 시설들을 갖추고 있기 때문이다. 홍콩에서 호텔 예산과 여행의 만족도는 비례할 수밖에 없다. 그리고 지불한 만큼의 대가는 어떤 경로로든 보상이 될 테니 호텔에 투자하는 비용을 아까워하지 말자.

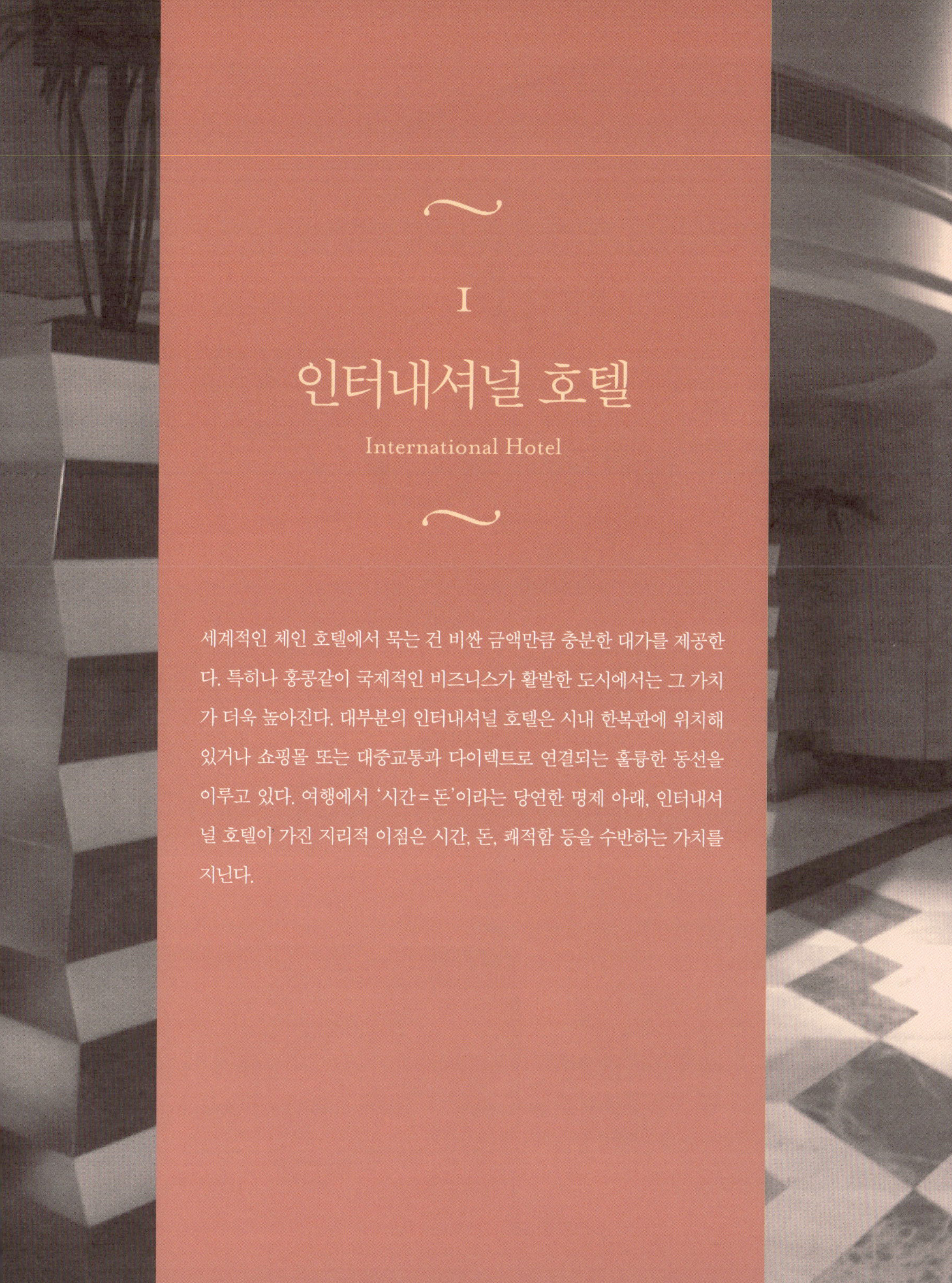

I

인터내셔널 호텔

International Hotel

세계적인 체인 호텔에서 묵는 건 비싼 금액만큼 충분한 대가를 제공한
다. 특히나 홍콩같이 국제적인 비즈니스가 활발한 도시에서는 그 가치
가 더욱 높아진다. 대부분의 인터내셔널 호텔은 시내 한복판에 위치해
있거나 쇼핑몰 또는 대중교통과 다이렉트로 연결되는 훌륭한 동선을
이루고 있다. 여행에서 '시간＝돈'이라는 당연한 명제 아래, 인터내셔
널 호텔이 가진 지리적 이점은 시간, 돈, 쾌적함 등을 수반하는 가치를
지닌다.

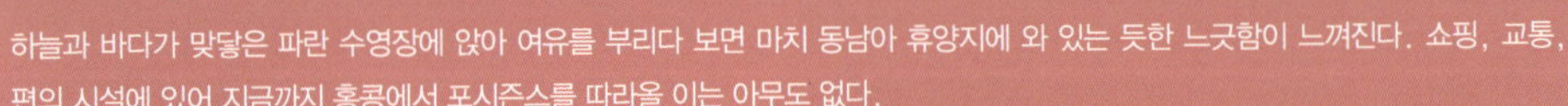
하늘과 바다가 맞닿은 파란 수영장에 앉아 여유를 부리다 보면 마치 동남아 휴양지에 와 있는 듯한 느긋함이 느껴진다. 쇼핑, 교통, 편의 시설에 있어 지금까지 홍콩에서 포시즌스를 따라올 이는 아무도 없다.

포시즌스 Four Seasons Hong Kong

- **주　　소** **8 Finance Street, Central**
- **전화번호** **3196 8888**
- **홈페이지** **www.fourseasons.com**

세계적으로 포시즌스 호텔은 5성급 호텔 이상의 의미를 지닌다. 이제까지 다녀 본 곳 중 파리의 포시즌스 조르주 생크가 그랬고, 몰디브의 쿠다후라와 린다 기라바루가 그랬다. 같은 지역의 여느 특급 호텔보다 조금 더 고급스러운 인테리어와 차별화된 서비스를 제공하는 곳이 포시즌스다. 홍콩의 포시즌스도 다른 지역의 포시즌스와 마찬가지로 여느 인터내셔널 호텔과는 조금 다르게 느껴진다. 홍콩 최고의 금융과 상권의 중심인 센트럴에서도 가장 요지인 IFC몰과 다이렉트로 연결되는 편리한 위치를 자랑하고 빅토리아 하버가 내려다보이는 뷰가 일품이다. 특히 네 가지 테마의 수영장이 유명한데, 하버의 수평선과 일직선으로 연결되는 듯한 효과의 인피니티-에지Infinity-Edge 풀, 풀 속에 스피커 시설이 장착되어 있는 랩 풀Lap Pool과 함께 월풀Whirlpool, 플런지 풀Plunge Pool로 나뉜다. 무리한 일정에 지친 여행객이라면 하루 종일 수영장에서 시간을 보내도 아깝지 않을 만큼 완벽한 시설을 갖추고 있어, 마치 동남아의 고급 리조트에 온 듯한 기분으로 휴식을 취할 수 있다. 모든 욕실에는 록시땅의 어매니티가 갖춰져 있으며, 호텔 내부에는 카프리스Caprice, 이나기꾸Inagiku, 룽킹힌Lung king Heen 등 분야별 최고급 레스토랑이 포진해 있으니, 미식에 관심 있는 사람이라면 한 군데 정도는 꼭 방문해 보자.

레스토랑을 고를 때 호텔 레스토랑을 선호하는 편이 아니다. 천편일률적인 구성과 맛, 분위기가 조금 식상하게 느껴지기 때문. 홍콩도 예외가 아니어서 여행 시 레스토랑을 고를 때 호텔 레스토랑보다는 새로 생기거나 한 번도 안 가본 곳을 선호하는 편이지만, 룽킹힌은 조금 특별하다. 'The View of Dragon'이라는 의미를 가진 룽킹힌은 차이니즈 요리의 대가로 유명한 찬얀탁(Chan Yan Tak) 셰프가 오거나이즈한 곳으로, 클래식한 광동 요리를 기반으로 정통을 해치지 않은 범위 내에서 다양한 퓨전 터치를 시도하는 음식을 낸다. 이제껏 맛보았던 푸아그라 중 가장 인상적인 푸아그라 요리를 낸 것으로도 기억에 남는다. 넓은 와인 셀러와 전문적인 소믈리에가 상주하고 있어 요리에 어울리는 와인을 섬세하게 추천해 준다.

그랜드하얏트 Grand Hyatt Hong Kong

- 주　　소 **1 Harbour Road, Wan Chai**
- 전화번호 **2588 1234**
- 홈페이지 **www.hongkong.grand.hyatt.com**

홍콩에서 가장 처음 머물렀던 호텔이자 가장 많이 묵었던 호텔이어서 그런지 개인적인 애정이 가득한 곳이다. 평소 호텔을 정할 때 쇼핑이나 나이트라이프가 편리한 센트럴 쪽을 선호하는 편이지만, 가끔 센트럴이나 코즈웨이 베이, 침사추이의 번잡스러움을 피하고 싶을 때 그랜드하얏트를 찾곤 한다.

입구를 들어서면 나선형 계단으로 이어진 높은 천장이 먼저 눈에 띈다. 로비는 웅장한 느낌이지만, 룸은 베이지 톤 가구를 사용하고 요란한 디테일을 배제한 절제된 인테리어로 고급스럽고 편안한 느낌을 준다. 그랜드하얏트에서 내가 가장 선호하는 룸은 수영장과 스파, 피트니스 센터 등이 위치해 있는 플라토Plateau 스파룸이다. 스파룸은 일반 룸과는 달리 은은한 베이지 톤의 실내에 동양식의

"

일본 다다미 방처럼 낮은 침대와 베이지 톤의 아늑한 인테리어를 가진 플라토 룸에서 머무는 일정은 집에 돌아온 것 같은 편안함을 선사한다.

낮은 침대를 배치해 아늑함을 더했다. 또한 버블 배스가 가능한 커다란 욕조 겸 자쿠지를 구비하고 있으며, 스파 패키지를 예약할 경우 룸에서 스파 마사지를 받을 수도 있다. 수영장이 위치한 층이라서 여행에 지쳤을 때 수영장에서 휴식을 취하기도 좋다.

2층에 위치한 티핀 카페는 탁 트인 통유리로 보이는 하버뷰와 함께 즐기는 디저트 뷔페로 유명하고, 복층으로 꾸며진 차이니즈 레스토랑 원하버로드에서는 우아하면서도 친근한 광동식 요리를 맛볼 수 있다. 우리나라 그랜드하얏트와 비슷한 컨셉트인 라이브클럽 겸 바인 제이제이스JJ's는 예전 명성에 크게 모자란다. 호텔에서 드링크를 해야 한다면 오히려 1층의 샴페인 바가 낫다. 샴페인 바는 수십 종류의 프리미엄 샴페인을 글라스로도 판매하니 샴페인 마니아라면 따로 시간을 내어 들러보는 것도 좋겠다.

홍콩에서 가장 인기 있는 선데이 브런치 장소로 손꼽히는 그랜드하얏트의 풀사이드 바비큐. 우리나라 그랜드하얏트와 마찬가지로 수영장 주변에서 그릴 요리 등을 맛볼 수 있는 바비큐 레스토랑이다. 선데이 브런치를 제외하고 평일 낮에는 단품 메뉴와 음료를 제공하고, 매일 저녁에는 바비큐를 운영한다. 수십 종류의 애피타이저와 단품 요리는 물론, 싱싱한 해산물과 소고기, 돼지고기, 양고기, 닭고기, 소시지, 야채 등 원하는 재료를 즉석에서 구워준다. 우리나라처럼 여름에만 잠깐 오픈하는 것이 아니라 1년 내내 운영하고, 날씨가 흐릴 때는 문을 닫으니 호텔에 미리 확인해 봐야 한다.

인터컨티넨탈 Intercontinental Hong Kong

● 주　　소 **18 Salisbury Road, T.S.T., Kowloon**
● 전화번호 **2721 1211**
● 홈페이지 **www.hongkong-ic.intercontinental.com**

홍콩에서 하버뷰가 가지는 의미는 매우 크다. 하버뷰를 가지고 있고 그 뷰의 퀄리티가 뛰어날수록 장소의 가치는 높아진다. 홍콩에서 가장 아름다운 뷰를 가진 곳을 꼽으라면 나는 주저 않고 인터컨티넨탈 호텔을 꼽을 것이다. 일반적으로 홍콩의 야경을 감상하기에 가장 좋은 스폿으로 빅토리아 피크와 침사추이 연인의 거리를 꼽곤 하는데, 바로 연인의 거리에 인터컨티넨탈 호텔이 위치해 있다. 같은 침사추이에 있어 곧잘 비교되곤 하는 페닌슐라 호텔은 호텔 앞의 바다를 매립해 홍콩문화센터와 홍콩예술관 등을 세워 하버와 조금 떨어져 있으니 전망도 그만큼의 차이가 난다. 하지만 인터컨티넨탈 호텔이 하버뷰로만 손꼽히는 호텔이라 생각하면 오산이다. 3년 전 리뉴얼한 룸의 내부는 훨씬 넓어지고 쾌적해졌고, 세계적인 명성의 스푼 바이 알랭 뒤카스, 노부 등의 스타 셰프 레스토랑을 발 빠르게 영입해 호텔의 위상을 높였다. 24시간 버틀러 서비스를 운영 중이며, 룸 차지에 HKD900를 추가하면 2층 클럽 컨티넨탈Club Continental에서 아침 뷔페, 애프터눈 티, 해피아워 드링크를 무료로 이용할 수 있다. 또한 1층의 카페 겸 라운지인 더 로비The Lobby는 홍콩에서 심포니 오브 라이츠를 가장 편안하게 감상할 수 있는 장소다.

홍콩에서 하버 뷰는 돈 이상의 가치를 지닌다. 그리고 인터컨티넨탈의 뷰는 홍콩 그 어디의 뷰와도 견줄 수 없는 최고의 감동을 준다.

정신 없는 침사추이의 한복판을 조금만 벗어나면 카우룽 샹그리라가 있는 한적한 거리를 만나게 된다. 홍콩에서 맛보기 힘든 여유로움이다.

카우룽 샹그리라 Kowloon Shangri-la

- 주　　소 **64 Mody Road, T.S.T. East, Kowloon**
- 전화번호 **2721 2111**
- 홈페이지 **www.shangri-la.com/kowloon**

카우룽 샹그리라는 애드머럴티 삼인방 중 하나인 아일랜드 샹그리라와 같은 체인이다. 그래서인지 로비나 레스토랑 구성, 룸 인테리어 등이 아일랜드 샹그리라와 많이 닮아 있다. 화려한 샹들리에가 장식된 높은 천장의 로비, 요일을 상징하는 카펫이 깔린 엘리베이터, 다양한 요리를 맛볼 수 있는 애프터눈 티 뷔페로 유명한 카페 투Café Too와 카페 쿨Café Kool 등 대부분의 시설과 포맷이 같은 컨셉트다. 아일랜드 샹그리라가 클래식한 영국풍 인테리어인 데 반해 카우룽 샹그리라는 모던하고 현대적인 느낌의 인테리어인 것이 약간의 차이점이다. 침사추이 최고의 이탈리안 레스토랑으로 인정받는 안젤리니Angelini와 다양한 스페인식 타파스를 맛볼 수 있는 타파스 바Tapas Bar는 투숙객뿐 아니라 현지인에게도 인기 높은 레스토랑이다. 카우룽 반도의 중심가인 침사추이에서 약간 떨어진 위치에 있지만 한여름이 아니라면 충분히 걸어다닐 수 있는 거리다. 복잡한 침사추이 한복판에서 떨어져 있어 오히려 주변 환경은 더 한적하고 안전하다.

만다린 오리엔탈 Mandarin Oriental Hong Kong

● 주　　소 **5 Connaught Road, Central**
● 전화번호 **2522 0111**
● 홈페이지 **www.mandarinoriental.com/hongkong**

내 또래의 홍콩 느와르 세대에게 장국영이 상징하는 의미는 특별하다. 고운 얼굴선과 우수에 찬 얼굴은 아시아의 제임스 딘이라 불릴 만큼 그를 특별하게 만들었다. 2003년 4월 1일, 거짓말처럼 그가 짧은 생을 마감한 곳이 바로 만다린 호텔이다. 그래서 해마다 4월 1일이 되면 장국영을 그리워하는 팬들의 물결이 만다린 호텔을 에워싼다. 이렇게 만다린 호텔은 페닌슐라와 함께 홍콩의 오랜 역사를 함께한 호텔이다. 포시즌스와 그랜드하얏트, 랜드마크 만다린 오리엔탈이 생기기 훨씬 전부터 센트럴의 터줏대감으로 오랜 시간을 지내온 만다린 호텔은 장국영뿐 아니라 수많은 셀러브리티들이 애용하는 스폿 중 하나다.

5년 전부터 점차적인 리뉴얼을 통해 룸의 테라스를 없애고 시설을 현대적으로 바꾸어 더욱 쾌적하고 여유로워졌다. 대부분의 홍콩 호텔이 그렇듯 모던한 디자인에 차이니즈 요소를 가미한 고급스러움을 테마로 한다. 프린세스 빌딩, 차터 하우스, 알렉산드라 하우스와 연결되는 편리한 교통으로 비즈니스맨들이 특히 선호하는 호텔이기도 하다. 프리미엄 샴페인 크루그와 만찬을 함께 즐길 수 있는 크루그 룸과 세계적인 스타 셰프 피에르 가니에르가 오거나이즈한 피에르 레스토랑 등을 보유하고 있다.

오랜 전통만큼이나 많은 히스토리와 단골들을 보유한 만다린 오리엔탈에 머무르다 보면, 우연찮게 홍콩의 셀러브리티를 만날 것 같은 기분 좋은 설렘이 든다.

랜드마크 만다린 The Landmark Mandarin Oriental Hong Kong 

- 주　　소 **15 Queens Road, Central**
- 전화번호 **2132 0188**
- 홈페이지 **www.mandarinoriental.com/landmark**

2006년 만다린 오리엔탈 호텔의 리뉴얼에 대비해 지어진 랜드마크 만다린 호텔은 홍콩 최고급 쇼핑몰인 랜드마크와 이름과 동선을 공유할 만큼 럭셔리하다. 홍콩의 중심 센트럴, 그 중에서도 메인 스트리트라 불리는 퀸즈 로드 한복판에 위치하고 있으니 홍콩섬을 둘러보기에 최고의 교통편을 자랑한다. 웬만한 메인 빌딩은 도보로 이동할 수 있고, MTR, 란콰이펑, 소호 등과도 5~10분 내에 연결된다. 가격을 차치한다면 내가 가장 선호하는 호텔 중 하나다. 대형 인터내셔널 호텔보다는 덩치 큰 고급 부티크 호텔 같은 느낌이다.

코지한 인테리어와 섬세한 프라이빗 서비스는 마치 유럽의 오래된 부티크 호텔처럼 우아하고 편안하다. 모든 룸은 침실과 거실이 분리되어 있는데, 일반적으로 가장 많이 찾는 디럭스 룸은 둥근 벽면을 따라 TV와 DVD가 설치되어 있고 벽면 안쪽에는 둥근 욕조와 함께 두 명이 편안하게 사용할 수 있는 넓은 욕실이 마련되어 있다. 랜드마크 만다린의 가장 주목할 만한 서비스는 인룸 쇼핑In-Room Shopping으로, 전담 스타일리스트와 함께 쇼핑 플랜을 세우고 스타일리스트가 가지고 온 옷과 구두 등을 룸에서 입거나 신어볼 수 있다. 인룸 쇼핑은 투숙객에게 무료로 제공되며 사전 예약을 통해서만 가능하다.

쇼핑, 나이트라이프를 위한 교통 면에 있어서는 단연 홍콩 최고의 조건을 가지고 있는 랜드마크 만다린. 세련된 부티크 호텔 같은 엣지가 느껴진다.

도심에서 살짝 떨어
져 있지만 나름의
편리함과 스타일을
가지고 있는 르 메
르디앙 사이버포트
는 호텔 선택의 1순
위가 교통만이 아님
을 증명해주는 곳이
다.

르 메르디앙 사이버포트 Le Merdien Cyberport

● 주　　소 **100 Cyberport Road**
● 전화번호 **2980 7788**
● 홈페이지 **www.starwoodhotels.com/lemerdien**

세계적인 호텔 체인인 스타우드Starwood 계열의 르 메르디앙은 기존 인터내셔널 호텔과는 차별화된 컨셉트로 홍콩에 둥지를 틀었다. 홍콩의 새로운 비즈니스 스폿으로 떠오르고 있는 사이버 포인트 컴플렉스Cyber Point Complex에 자리잡은 르 메르디앙은 최신 설비와 기술을 갖춘 현대식 시설의 특급 호텔이다. 로비와 룸은 푸른 빛이 도는 사이키델릭한 느낌으로 미래 지향적인 디자인을 선보인다. 각 룸마다 42인치 플라스마 TV를 비롯해 인터넷, 레인 샤워 등의 시설을 갖춘 173개의 객실을 보유하고 있으며 총 6개의 바와 레스토랑, 연회/회의장, 수영장, 주차장 등의 시설을 완비하고 있다. 각 룸마다 아이팟 데크 시스템을 갖추고 있으며 인터넷을 무료로 사용할 수 있다.

홍콩 시내 중심과 다소 떨어진 단점이 있지만 차로 15분 정도의 거리라 크게 부담스럽지는 않다. 호텔과 홍콩역을 다이렉트로 연결하는 셔틀 버스가 20분 간격으로 운행되는데, 오픈 초기에는 무료로 운행했지만 현재는 편도 당 HKD29의 요금을 받는다. 애버딘 지역과 가까워 애버딘이나 라마섬 관광에 좋고 호라이즌 플라자와 스페이스 아울렛 쇼핑에도 편리한 위치다.

쉐라톤 Sheraton Hong Kong Hotels&Tower

● 주   소 **20 Nathan Road, T.S.T., Kowloon**
● 전화번호 **2369 1111**
● 홈페이지 **www.sheraton.com/hongkong**

쉐라톤은 잘 알려진 대로 르 메르디앙, W, 웨스틴, 세인트 레지스 등과 스타우드 Starwood 계열에 소속된 체인 호텔이다. 쉐라톤 홍콩은 침사추이의 랜드마크라 할 수 있는 페닌슐라 호텔과 나란히 위치해 있다. 페닌슐라가 과거의 명성에 기대어 높은 가격과 기대치를 가진 반면 쉐라톤은 페닌슐라와 거의 같은 위치에 있음에도 훨씬 저렴한 가격에 묵을 수 있는 장점이 있다. 콜로니얼 스타일의 로비와는 달리 룸은 매우 모던하고 현대적이다. 로비에 위치한 Link@Sheraton 부스에서는 투숙객에 한해 컨시어지에서 패스워드를 받아 무료로 컴퓨터를 사용하거나 개인 노트북을 이용해 무료로 인터넷을 이용할 수 있다. 페닌슐라 호텔, 인터컨티넨탈 호텔과 마찬가지로 홍콩섬을 바라보는 하버뷰가 일품으로, 하버뷰를 보유한 룸을 예약하는 것이 좋다. 꼭대기 층에는 작지만 전망이 매우 좋은 수영장이 있고, 그 아래층에는 신선한 굴과 다양한 와인을 즐길 수 있는 오이스터&와인 바와 스카이 라운지가 있다.

카우룽 반도의 수많은 호텔 중 페닌슐라, 인터컨티넨탈과 어깨를 견줄 만한 호텔은 쉐라톤밖에 없다. MTR과 하버 시티, 캔톤 로드 등 침사추이 중심가를 다이렉트로 연결하는 편리한 교통이 가장 큰 장점이다.

쉐라톤 호텔 내에는 오이스터&와인 바를 제외하고 정통 레스토랑으로는 저패니즈 레스토랑 운카이(Unkai)와 차이니즈 레스토랑 셀레스철 코트뿐이다. 셀레스철 코트는 다양한 지역의 정통 차이니즈 디쉬를 맛볼 수 있는 곳으로, 바비큐와 딤섬으로 여러 차례 수상 경력을 가지고 있다. 고유의 소스를 발라 오랜 시간 구운 바비큐는 크리스피하고 달콤하면서도 주이시한 육즙이 고스란히 느껴지는 정성스런 맛이다. 우리나라 사람이 선호하는 하가우, 슈마이 같은 평범한 딤섬도 셀레스철 코트의 손을 거치면 한 단계 업그레이드된다. 디저트로는 버즈 네스트(Bird's Nest) 에그 타르트가 인기다.

더블유 W Hong Kong

- 주　　소 **1 Austin Road West, Kowloon Station, Kowloon**
- 전화번호 **3717 2222**
- 홈페이지 **www. whotels.com/hongkong**

넓고 높은 천장의 웅장한 로비, 세련된 맛은 있지만 디테일이 부족한 인테리어로, 입구에서 이름을 확인하지 않으면 어느 호텔인지 구별이 안 갈 정도로 비슷해져 가고 있는 인터내셔널 호텔계에서 더블유 호텔이 가지는 상징성은 독특하다. 거대한 체인 호텔이지만 내부를 면면이 살펴보면 잘 짜여진 디자인 호텔의 모습이다. W를 매개로 스토리를 풀어가되 한 가지 컬러 코드를 정해 호텔 내의 모든 시설들을 유기적으로 연결하는 방식이다. 더블유 홍콩도 다른 나라의 더블유와 크게 다르지 않다. 다만 이제까지 더블유 호텔이 보여준 '스타일'이 한 단계 업그레이드된 느낌이다. W가 새겨진 자동문 안으로 들어가서 엘리베이터를 타면 바닥의 LED를 통해 아침, 점심, 저녁으로 인사 문구가 바뀌는 모습을 볼 수 있다. 인포메이션 데스크가 있는 플로어에는

'W'라는 레터가 주는 가장 큰 특징은 'Wow'라는 한 단어로 요약된다. 더블유 호텔 특유의 시크함이 절정을 이루고 있는 더블유 홍콩에서 호텔 곳곳에 숨겨진 위트를 찾아내는 재미가 쏠쏠하다.

식사, 음료, 휴식, 독서 등 투숙객이 언제든 이용할 수 있는 리빙룸이 있다. 리빙룸 한 켠에는 마오쩌둥이 붉은색의 W 카드를 들고 있는 위트 넘치는 그림이 걸려 있고, 천장에는 형형색색의 나비(마치 W처럼 보이는) 모빌이 움직이고 있다. 멀리 IFC 빌딩이 건너다 보이는 하버뷰는 호텔 앞이 항상 공사 중이라 굳이 웃돈을 얹어 룸을 업그레이드할 정도는 아니다. 호텔 꼭대기층의 수영장 시설이 이용할 만하고 키친Kitchen과 파이어Fire 레스토랑도 기대 이상의 수준이다. 룸 사이즈는 다소 작은 편이지만 블리스Bliss 용품이 비치된 욕실과 샤워실이 넓은 편이어서 여성들이 특히 좋아하는 구조다.

2

부티크 호텔

Boutique Hotel

고급스럽고 편리하긴 하지만 천편일률적인 인테리어와 서비스를 제공하는 인터내셔널 호텔이 지루해졌다면 부티크 호텔을 선택하자. 아기자기한 인테리어의 편안함을 느낄 수 있고 가족같이 친밀한 환대를 받을 수 있다. 부티크 호텔의 스탠더드 룸은 일본의 비즈니스 호텔만큼이나 작아서 여러모로 불편하니, 디럭스Deluxe급 이상을 예약하는 것이 좋다. 인터내셔널 호텔의 부대 시설이 대부분 유료인 것에 반해 부티크 호텔은 인터넷, 피트니스 센터 등이 무료인 경우가 많다.

센트럴 파크 Central Park Hotel

- **주　　소** 263 Hollywood Road, Central
- **전화번호** 2850 8899
- **홈페이지** www.centralparkhotel.com.hk

홍콩에서 가장 트렌디하고 세련된 스폿으로 손꼽히는 소호에 위치한 센트럴 파크는 그 위치 하나만으로도 충분히 묵을 만한 가치가 있는 호텔이다. 소호에서 많은 시간을 할애하는 사람에게는 더할 나위 없이 좋은 위치이다. 지천에 코지한 레스토랑과 쇼핑 플레이스들이 가득하고, IFC몰을 비롯한 센트럴의 메이저 빌딩과는 택시로 5분 남짓 걸린다. 입구에 들어서면 화려한 샹들리에와 붉은색의 고급스러운 벨벳 소파가 먼저 눈길을 끈다. 전형적인 홍콩의 부티크 호텔처럼 화려하진 않지만 화이트와 그린 컬러로 꾸며진 심플하고 편안한 룸 인테리어를 갖추고 있으며, 전자레인지가 있어 간단한 조리가 가능한 키친네트 서비스를 구비하고 있다. 자매 호텔인 란콰이펑 호텔과, 공항 방향의 AEL처럼 홍콩역을 연결하는 셔틀 버스가 무료로 제공된다. 1층에 위치한 저패니즈 레스토랑 와규 카이세키 덴Wagyu Kaiseki Den은 일본 정통 가이세키 요리를 내는 고급 레스토랑으로, 현지의 일본인들에게 인기가 높다.

소호의 특별함에 대해 얘기하자면 1박2일도 모자랄 판이다. 그 특별한 거리에 자리 잡은 센트럴 파크는 최근 리뉴얼을 통해 깔끔한 인테리어로 거듭났다. 소호를 가까이 접하고 싶다면 주저 말고 센트럴 파크로 갈 것.

코스모 Cosmo Hotel

- 주　　소 **375-377 Queens Road East, Wan Chai**
- 전화번호 **3552 8388**
- 홈페이지 **www.cosmohotel.com.hk**

버터플라이 온 모리슨처럼 주소상으로는 완차이지만 코즈웨이 베이에 더 가깝다. 코즈웨이 베이의 대표적인 비즈니스 호텔인 코스모폴리탄 호텔Cosmopolitan Hotel과 지척인 위치로, 애드머럴티, 센트럴, 셩완, 타임 스퀘어로 연결되는 셔틀버스를 운행한다. 대중교통과의 연결성은 다소 떨어지지만 골목 구석구석에 숨겨진 로드숍을 구경하는 재미가 쏠쏠하다. 코즈웨이 베이 최대의 쇼핑몰인 타임 스퀘어와도 가깝고 인테리어 전문점인 이케아와 코즈웨이 베이를 상징하는 독특하고 재미난 위트의 패션숍, 인테리어숍이 호텔 주변에 가득하다.

호텔의 인테리어는 전체적으로는 모던한 분위기지만 다양한 컬러들을 이용한 팝 아트적인 요소가 곳곳에 숨어 있다. 룸 타입 별로 오렌지, 그린, 옐로우 컬러를 크로스로 사용하여 산뜻하고 밝은 분위기를 연출했다. 여느 부티크 호텔처럼 룸 사이즈는 작은 편이지만 가구의 배치가 좋고 필요한 물품은 모두 갖추고 있어 크게 불편하지는 않다. 5층에 위치한 브리즈Breeze는 실외에 위치한 테라스 공간으로, 원두 커피를 무료로 제공하고 인터넷도 무료로 이용할 수 있다. 모든 투숙객에게 저녁마다 라이브 공연(일요일 제외)이 펼쳐지는 1층 누치 바Nooche Bar의 웰컴 드링크 쿠폰을 제공한다.

작은 호텔이 가지는 장점 중 하나는 프라이빗한 서비스가 가능하다는 것이다. 게스트 한 명 한 명을 세심하게 배려하고 마치 집에 머무르는 것처럼 편안한 환경을 조성한다. 주변 레스토랑에서 딜리버리를 해주는 룸 서비스 음식도 놀랄 만큼 맛나다.

플레밍 The Fleming 

- 주　　소 **41 Fleming Road, Wan Chai**
- 전화번호 **3607 2288**
- 홈페이지 **www.thefleming.com.hk**

과거 완차이가 가진 이미지 때문인지 그랜드하얏트를 제외하고 완차이에서 괜찮은 호텔을 정하는 것이 다소 꺼려졌을 때 우연히 눈에 띈 곳이 플레밍 호텔이다. 세계적으로 인정받는 스털링 호텔스Sterling Hotels 소속으로, 2007년에는 『하퍼스 바자Harper's Bazaar』에서 실시한 스타일 어워즈에서 'The Best Boutique Hotel of the Year'을, 『콩데나스 트래블러Condé Nast Traveler』의 138 핫리스트에 들기도 했다. '어번 라이프스타일Urban Lifestyle'을 표방하는 플레밍 호텔은 66개의 룸을 갖춘 전형적인 스몰 부티크 호텔이지만 시설과 서비스에 있어서는 지아 홍콩이나 랑송 플레이스에 뒤지지 않을 만큼 편리하다. 비즈니스 여행객을 위해 모든 옵션이 갖춰진 비즈니스 센터를 운영하고 있고, 피트니스 센터가 없는 대신 근처의 캘리포니아 피트니스 센터를 무료로 이용할 수 있다. 또한 홍콩 최초로 여성 전용 플로어를 운영하고 있는데, 전용 플로어 룸에는 뷰티 킷, 페이셜 스티머, 주얼리 박스 등이 갖춰져 있으며 컨시어지에 문의하면 다리 마사지 기계를 무료로 대여해 준다.

플레밍은 지아, 럭스 매너와 함께 홍콩의 3대 부티크 호텔로 손꼽힌다. 그린톤의 세련된 로비, 화이트와 베이지 컬러로 꾸며진 인테리어는 'Simply the Best'를 극명하게 드러내주는 플레밍만의 매력이다.

지아 Jia Hong Kong

● 주　　소 **1-5 Irving Street, Causeway Bay**
● 전화번호 **3196 9000**
● 홈페이지 **www.jiahongkong.com**

디자이너 필립 스탁Phillipe Starck이 페닌슐라 홍콩의 펠릭스에 이어 홍콩에 남긴 두 번째 작품,
지아 호텔. 만다린어로 집을 의미하는 지아는 부티크 호텔 아파트먼트라는 컨셉트로, 서비스
레지던스와 부티크 호텔이 결합된 새로운 타입의 주거형 호텔이다. 지아에는 모두 네 가지
타입의 룸이 있는데, 두 가지 형태의 스튜디오, 스위트, 펜트하우스이다. 모든 인테리어와 집
기는 필립 스탁의 재치만큼이나 감각적이고 유니크하다. 여행사를 통하는 방법은 없고 홈페
이지나 팩스, 전화를 이용해 개인적으로 예약해야 한다.

세계적인 디자이너 필립 스탁이 디자인했다는 것 하나만으로도 어마어마한 이슈를 불러 일으켰던 지아 호텔. 홍콩에 수많은 부티크 호텔이 난립하는 와중에도 지아만의 고유한 아이덴티티에서 부티크 호텔의 원조가 가진 자부심을 느낄 수 있다.

두 개의 펜트하우스를 포함한 객실 수는 모두 57개로, 장기 투숙자가 많아 객실의 여유가 없으므로 서둘러 예약하는 것이 좋다. 모든 객실 내에서 인터넷을 무료로 사용할 수 있고, 로컬 전화도 무료다. 키친네트 서비스가 잘 갖춰져 있어 간단한 음식 조리도 가능하며, 컨시어지에 홈 딜리버리Home Delivery 서비스를 문의하면 이탈리안 레스토랑 드로잉 룸The Drawing Room을 비롯한 주변 레스토랑에서 음식 배달도 해준다. 지아 호텔에 머무르는 동안에는 지아 인사이더 액세스 카드Jia Insider Access Card를 받게 되는데, 이 카드를 소지하고 있으면 드로잉 룸, 보이노베이션, 더 포운, 더 프레스룸, 아쿠아 등의 레스토랑과 볼라, 헤일로, 키 클럽, 드래곤아이 등의 멤버십 클럽 등에 무료 입장과 특별 서비스를 받을 수 있다.

LKF Hotel LKF by Rhombus

- ● 주　　소 **33 Wyndham Street, Central**
- ● 전화번호 **3518 9688**
- ● 홈페이지 **www.hotel-lkf.com.hk**

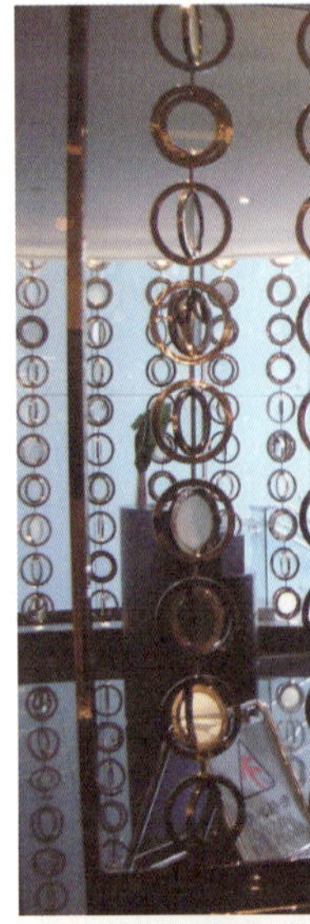

홍콩 나이트라이프의 심장 란콰이펑에 위치한 LKF 호텔은 밤 늦도록 드링크와 클러빙을 즐기려는 여행자에게 완벽한 해답을 제시한다. 란콰이펑에서 가장 번화한 거리인 다궐레라 스트리트와 윈담 스트리트를 연결하는 통로인 LKF 타워에는 발라라이카, 파인즈 등의 레스토랑과 바가 운집해 있는데, LKF 호텔 역시 이 빌딩에 위치해 있다. 모든 객실이 LKF 타워의 위층에 있어 센트럴과 란콰이펑을 내려다보는 독특한 느낌의 시티뷰를 자랑한다. 사실 LKF 호텔은 평범한 부티크 호텔로 분류하기엔 조금 아쉬운 감이 있다. 세계적인 호텔 체인인 롬부스Rhombus 소속으로 인터내셔널 호텔과 스몰 부티크 호텔의 중간 포지셔닝 정도다. 일반 부티크 호텔보다 두 배 정도 넓은 룸 사이즈가 쾌적함을 더하며, 룸마다 설치된 일리 에스프레소Illy Espresso로 원할 때마다 항긋한 에스프레소를 즐길 수 있다. 욕실에는 영국 브랜드인 몰튼 브라운Molton Brown의 세안, 목욕용품과 함께 슬리퍼와 가운도 갖춰놓아 품격을 더한다.

나이트라이프를 홍콩 여행의 주요 덕목으로 여기고 있다면 LKF만큼 적절한 호텔은 없다. 홍콩의 밤을 가장 화려하게 보낼 수 있는 윈담 스트리트 한복판에 자리잡은 LKF는 비단 지리적 이점뿐 아니라 시크한 부티크 호텔의 전형을 보여준다.

'Modern Chinese'를 컨셉트로 하는 란 콰이펑 호텔은 아시아인보다는 서양에서 온 여행자들에게 더욱 어필한다. 소호의 주요 거리를 5분 내에 닿을 수 있는 위치로, 자매 호텔인 센트럴 파크 호텔과 함께 소호 여행에 가장 적합한 호텔이다.

란콰이펑 Lan Kwai Fong Hotel

- 주　　소 **3 Kau U Fong, Sheung Wan**
- 전화번호 **3650 0000**
- 홈페이지 **www.lankwaifonghotel.com.hk**

센트럴과 성완을 연결하는 거리 곳곳에는 작지만 내공 있는 오너 셰프 레스토랑과 로컬 맛집, 재미난 숍들이 골고루 섞여 독특한 풍경을 연출한다. 란콰이펑 호텔은 센트럴로 연결되는 성완 초입에 위치한 호텔로 두 곳의 정취를 모두 느껴보고 싶다면 가장 알맞은 선택이다. 할리우드 로드에 위치한 자매 호텔인 센트럴 파크 호텔에서 애버딘 로드를 따라 5분 정도 걸으면 닿는 거리로, 센트럴 파크 호텔과 마찬가지로 소호에 숨겨진 아기자기한 구경거리를 즐기기에 좋다. 근처의 거프 스트리트에서는 인테리어 숍들을 둘러보기 좋고, 웰링턴 스트리트와 이어지는 거리에는 전통 방식의 딤섬 레스토랑인 린흥 티하우스와 완탕면 전문점 침차이키가 위치해 있다. 전체적인 호텔 인테리어는 모던 차이니즈를 컨셉트로 한다. 심플하게 구성된 내부에 중국 고유의 문양과 붉은 컬러, 패턴으로 변화를 주어 다른 부티크 호텔과 차별점을 두었다. 독특한 인테리어 때문인지 서양에서 온 여행객들이 선호하는 호텔이다. 조금은 좁게 느껴지는 욕실이 유일한 흠이지만 룸 사이즈는 넉넉한 편. 홍콩역과 센트럴 파크 호텔을 연결하는 무료 셔틀버스를 운행한다.

랑송 플레이스 Lanson Place Hotel

- **주　　소** 133 Leighton Road, Causeway Bay
- **전화번호** 3477 6888
- **홈페이지** www.lansonplace.com

젊은 여행자들이 많이 찾는 코즈웨이 베이에 위치한 부티크 호텔. 심플하게 디자인된 로만 스타일의 외관이 특징으로, 홍콩 부티크 호텔의 원조인 지아 홍콩에 필적할 만한 호텔이다. 프랑스 계열사 호텔로, 2007년에는 'Small Luxury Hotels of the World'의 멤버로 선정된 바 있다. 최근 홍콩에 생긴 대부분의 부티크 호텔이 컬러풀하면서 디자인적인 요소를 많이 가미한 데 반해 랑송 플레이스는 유럽이나 미국의 고급 레지던스를 연상시키는 품격 있고 편안한 인테리어가 장점이다. 심플하지만 우아한 디자인의 가구와 곳곳에 배치된 예술품들이 호텔의 가치를 더욱 특별하게 만들어준다. 각 룸은 화이트 톤을 기본으로 거울을 곳곳에 배치하여 실제 사이즈보다 넓어 보이는 효과가 있고, 침실과 거실을 분리해 더욱 쾌적하게 묵을 수 있다. 침실과 거실을 구분하는 중간 벽에는 360도 회전이 가능한 TV를 설치해 침실과 거실 어디에서나 TV 또는 DVD를 시청할 수 있도록 한 배려가 돋보인다. 각 룸마다 식기류와 조리 도구가 갖춰진 키친네트를 구비해 두어 장기 투숙자가 레지던스 호텔로 이용하기에 좋다. 피트니스 센터, 비즈니스 센터, 런드리룸 등은 24시간 운영되어 편의를 돕는다. 랑송 호텔 투숙객이라면 주변의 일부 레스토랑과 숍에서 디스카운트를 해주니 컨시어지에서 리스트를 미리 확인하자.

유럽의 고급 맨션처럼 고즈넉한 분위기가 돋보이는 랑송 플레이스는 홍콩 부티크 호텔의 원조인 지아 호텔에 곧잘 비교되곤 한다. 지아에 비해 디자인적인 요소는 다소 떨어지지만 우아함만은 한 수 위다.

럭스 매너 The Luxe Manor

- **주　　소** 39 Kimberly Road, T.S.T., Kowloon
- **전화번호** 3763 8888
- **홈페이지** www.theluxemanor.com

홍콩의 부티크 호텔 중 지아 홍콩을 제외하고는 부티크 호텔이라고 해서 독특
한 디자인 요소를 찾을 만한 곳이 없어 아쉬움이 남는다면 주저 말고 럭스 매너
로 가자. 마치 그림책에서 튀어나온 듯한 동화적인 감성의 화려한 인테리어는
20~30대 여성들이 좋아할 만한 스타일이다. 호텔 로비는 물론 일반 룸과 스위
트에는 럭스 매너만의 톡톡 튀는 재치가 곳곳에 숨어 있고, 초현실주의적인 디
테일은 장식적인 인테리어와 어우러져 유머러스한 뉘앙스를 자아낸다. 룸에서
보여지는 침대 위의 액자와 욕실의 샹들리에, 패치카 등은 모두 실제가 아닌 그

세계의 어느 부티크 호텔과 견주어도 부족함이 전혀 없는 화려하고 코지한 인테리어가 일품인 럭스 매너. 이곳에 한 번 머물렀던 사람이라면 누구나 재방문을 확신할 만큼 여성의 마음을 꿰뚫는 묘한 매력을 지닌 곳이다.

림이다. 이런 눈속임이 유치하거나 불쾌하지 않은 것은 럭스 매너의 잘 짜여진 각본에 의해 그 안에서 유쾌함과 페이소스를 느낄 수 있기 때문.

2년 전 오픈한 스위트룸은 모두 여섯 가지 테마를 가진 럭스 매너만의 자랑거리. 노르딕 Nordic, 로열Royal, 시크Chic, 사파리Safari, 리에종Liaison, 미라지Mirage로 구분된 테마 스위트는 침실과 리빙룸이 분리된 구조로 각 테마에 충실한 감각적인 인테리어를 선보인다. 노르딕 룸은 얼음을 주제로 한 아이스한 인테리어로 꾸몄고, 사파리는 마치 아프리카 한가운데 있는 듯 천장에 드리워진 텐트 위로 쏟아질 듯한 별 라이팅이 반짝인다. 포시즌스나 W 홍콩보다 비싼 가격대지만 특별한 날이라면 충분한 만족감을 선사할 것이다.

버터플라이 *Butterfly*

버터플라이 온 모리슨 Butterfly on Morison
● 주　　소 **39 Morrison Hill Road, Wan Chai**
● 전화번호 **3962 8333**
● 홈페이지 **www.butterflyhk.com**

버터플라이 온 프랫 Butterfly on Prat
● 주　　소 **21 Prat Avenue, T.S.T., Kowloon**
● 전화번호 **3962 8888**
● 홈페이지 **www.butterflyhk.com**

가장 최근에 생긴 부티크 호텔 중 하나로 침사추이의 버터플라이 온 프랫과 완차이의 버터플라이 온 모리슨을 운영 중이며, 2010년 센트럴 웰링턴 스트리트에도 호텔을 오픈할 예정이다. 프랫은 2008년에, 모리슨은 2009년에 오픈해 모든 시설이 깔끔하고 쾌적하다. 브라운, 오렌지, 카키톤의 차분한 인테리어가 돋보이는 버터플라이 온 프랫은 침사추이역과 가까운 교통이 장점이다. 침사추이에서 가장 번화가라 할 수 있는 나단 로드, 카메론 로드, 넛츠포드 테라스와도 가까워 쇼핑, 식사 등에도 큰 이점이 있다.

버터플라이 온 모리슨은 주소상으로는 완차이 소속이지만 코즈웨이 베이와 더 가까워 코즈웨이 베이를 중점적으로 돌아볼 예정이라면 안성맞춤인 곳이다. 코즈웨이 베이의 가장 큰 쇼핑몰인 타임 스퀘어와 아주 가까운 거리로, 완차이 중심가인 스타 스트리트와는 다소 거리가 있다. 방의 크기가 조금 작은 편이지만, 오픈한 지 얼마 안 되어 깨끗한 시설이 장점이다. DVD를 무료로 대여해 주며, 인터넷 사용은 유료다.

최근 홍콩은 세계적인 체인 호텔보다는 작지만 내공 있는 디자인 호텔이 많이 생기는 추세다. 버터플라이는 심플한 디자인과 편안한 서비스로 부티크 호텔의 장점을 여과 없이 보여준다.

Part 3 Taste it

홍콩 여행에서 가장 중요한 두 가지 포인트는 쇼핑, 그리고 식도락이다. 홍콩의 식도락 기행은 쇼핑만큼이나 천차만별의 테이스트가 반영된다. 외식 문화가 일반화된 홍콩은 셀 수 없을 만큼 많은 레스토랑이 포진해 있고, 가격과 맛, 분위기 또한 다양하다. 저렴하면서도 맛있는 전통 중국 요리부터 근사한 샹들리에가 드리워진 프렌치 레스토랑까지, 홍콩에서는 먹고 싶은 것은 무엇이든 도전해 볼 수 있는 선택의 기회가 무궁무진하게 주어진다.

I
Breakfast

홍콩 사람들의 아침식사는 간소하다.

대부분 직장생활을 하기 때문에 집에서 식사를 하는 경우가 드물고,

아침식사부터 밖에서 외식을 하는 것이 일반적이다. 차찬탱이라 불리는 식당은

홍콩 사람들의 아침식사 문화를 고스란히 보여주는 대중적인 식당이다.

토스트나 달걀 요리, 수프로 구성된 서양식부터, 죽이나 국수, 덮밥류 등의

아시안까지 없는 게 없을 정도로 다양하지만, 관광객이 중국어로만 되어 있는

정통 차찬탱에서 입맛에 맞는 메뉴를 고르기란 쉽지 않다.

하지만 홍콩의 명물인 완탕면이나 홍콩식 죽인 콘지는 우리 입맛에도 잘 맞고

위에도 부담이 없으며 가격 또한 매우 저렴하다.

콘지와 완탕면으로 맞이하는 홍콩의 아침은 여행을 더욱 맛깔지게 만드는 출발점이다.

윙치케이 _(黃枝記) Wong Chi Kei

- **주　　소** G&1/F, 15 Wellington Street, Central
- **전화번호** 2869 1331
- **영업시간** 07:30-02:00
- **홈페이지** www.wongchikei.com.hk

1946년 마카오에 오픈한 완탕면 전문점으로, 홍콩에 분점을 오픈한 이래 홍콩에서도 더없이 유명한 명소가 되었다. 완탕면에서 홍콩 특유의 냄새가 난다고 거부하는 사람이라도 깔끔하게 똑 떨어지는 윙치케이의 국물 맛은 입에 잘 맞을 듯. 전통 방식으로 직접 뽑아내는 면발에 대한 자부심이 대단하다. 통통한 생새우 완탕이 들어간 새우 완탕면 Shrimp Wonton Noodle in Soup 이 가장 무난하고 인기도 많다. 아침식사를 위해 찾는다면 부드러운 콘지를 맛보자. 새우, 게, 소고기, 닭고기 등 입맛에 맞는 토핑을 고를 수 있고, 양도 넉넉한 편이라 죽 한 그릇이면 오전 내내 배가 든든하다. 완탕면과 콘지 전문점이긴 하지만 여러 광동 요리도 갖추고 있는데, 통새우와 훈연한 돼지고기, 달걀이 들어간 양조식 볶음밥과 볶음 국수 종류가 입에 잘 맞는다. 피크 타임에 간다면 생면부지의 사람과 합석할 각오를 해야 한다.

센트럴의 화려한 레스토랑들 사이에서 전
통적인 완탕과 누들, 콘지를 만날 수 있는
웰링턴 스트리트. 그 초입에 자리잡은 윙
치케이는 특히 직접 뽑아내는 꼬들한 면발
의 완탕 누들이 유명한 곳이다.

테이스티 (正斗) Tasty Congee & Noddle Wonton Shop

- 주　　소 **Shop 3016-3018(Podium Level 3), IFC Mall, 1 Harbour View Street, Central**
- 전화번호 **3016 3018**
- 영업시간 **11:30-23:00**

배우 하유미의 홍콩인 남편이 운영하는 레스토랑으로, 하유미가 진행했던 케이블방송 프로그램에 소개되면서 한국 관광객들이 많이 찾는 곳이다. 또한 미슐랭 가이드 홍콩/마카오 편에 테이스트의 완탕면이 소개되면서 유명세를 탔다. 테이스티는 홍콩인들의 거주 지역인 해피 밸리와 홍함, 그리고 쇼핑으로 유명한 IFC몰 등 모두 세 곳의 분점을 가지고 있다. IFC몰은 비즈니스를 위한 웨스턴 레스토랑이 많은 편인데, 테이스티는 IFC몰의 레스토랑 중 콘지&누들을 주 메뉴로 하는 유일한 곳으로 다른 레스토랑에 비해 상대적으로 저렴한 한 끼 식사가 가능하다. 콘지와 완탕면, 각종 광동요리를 구비한 메뉴는 여느 콘지&완탕면 전문점과 다를 바 없지만 가격은 1.5배 정도 비싸다. 콘지나 완탕면 자체는 오랜 역사를 가진 전문점보다 약간씩 부족한 맛이다. 하지만 쇼핑 전후에 간단히 식사를 해결하려는 목적이거나 시간을 쪼개어 일부러 다른 완탕면 전문점에 가는 수고를 덜어줄 정도의 맛과 분위기는 확실하게 보장된다.

완탕과 완탕 누들, 콘지 등 홍콩 고유의 먹거리를 현대적인 방식으로 시스템화한 테이스티. 노포집을 일부러 찾아가지 않아도 쇼핑을 하다가 잠깐 들러 콘지와 완탕을 맛보기에 좋은 곳이다.

TSIM CHAI KEE

King Prawn Wonton Noodle .... $ 16
ワンタン麺

Fresh Minced Fish Ball Noodle .... $ 16
魚のつみれ団子麺

Fresh Sliced Beef Noodle .... $ 16
牛肉麺

Two Toppings Noodle .... $ 21
Select any two toppings:
Wonton • Fresh Minced Fish Ball • Fresh Sliced Beef
2種限麺
成2種類: ワンタン・魚のつみれ団子・牛肉

Three Toppings Noodle .... $ 24
Wonton • Fresh Minced Fish Ball • Fresh Sliced Beef
3種限麺
ワンタン・魚のつみれ団子・牛肉

Vegetable With Oyster Sauce .... $ 9
ゆで野菜

Soft Drinks .... $ 6
清涼飲料

(Yellow Noodle / Flat white Noodle / Vecetbell?)

침차이키 (沾仔記) Tsim Chai Kee

- 주　　소　G/F, 5 Wellington Street, Central
- 전화번호　2869 1331
- 영업시간　07:30-02:00
- 홈페이지　www.wongchikei.com.hk

콘지, 완탕면, 만두 전문점들이 옹기종기 모여 있는 웰링턴 스트리트에서 가장 로컬스러운 막스 누들을 제외하면 가장 저렴하면서도 만족스러운 완탕면을 맛볼 수 있는 곳이다. 대부분의 완탕면 전문점에서 완탕면 외에 콘지나 국수, 볶음밥, 광동 요리를 함께 내는 데 비해 침차이키는 오직 완탕면 하나로만 승부한다. 밥공기와 국그릇의 중간쯤 되는 사이즈의 볼에 꼬들꼬들한 에그 누들이 가득 담기고 그 위에 토핑을 얹어내는데, 토핑으로는 새우 완탕, 소고기, 피시볼이 준비되어 있다. 입맛에 따라 한 가지 또는 두세 가지 모두를 옵션으로 선택할 수 있다. 토핑 한 가지만 넣은 누들은 HKD16, 두 가지는 HKD21이고 세 가지를 모두 선택해도 HKD24(약 3,500원) 정도의 착한 가격이다. 탱탱한 새우 살이 씹히는 새우 완탕은 말할 것도 없고 부드러운 소고기와 쫄깃한 어묵 맛이 나는 피시볼까지 어느 하나라도 빼놓으면 서운할 만큼 훌륭한 맛들이다. 양이 다소 적은 것이 흠이지만 가격을 생각하면 수긍이 간다. 토핑 세 가지를 모두 얹으면 적당히 배가 부르다. 완탕면으로 부족하다면 유일한 사이드메뉴인 중국식 야채 볶음을 곁들여보자.

한식부터 양식까지 수십 가지의 메뉴를 가진 곳치고 맛집을 보지 못했다. 메뉴를 단순화해 주력상품으로 특화시킨 침차이키는 세 가지 고명을 선택할 수 있는 완탕면으로만 어필한다. 당연히 그 맛이 좋지 않을 리 없다.

호홍키 (何洪記) Ho Hung Kee

- 주　　　소 G/F, 15 Sharp Street East, Causeway Bay
- 전화번호 2577 6558
- 영업시간 11:30-23:00

코즈웨이 베이의 랜드마크인 타임 스퀘어 후문의 작은 골목에 위치해 있는 호
홍키는 관광객보다는 현지인들에게 더 인정받는 콘지&완탕면 전문점이다. 작
은 테이블과 시끄러운 광동어가 실내를 가득 채우는 이곳은 그래서인지 더 홍
콩답고 친근하게 느껴진다. 호홍키의 대표 메뉴는 부드럽게 잘 쑨 콘지. 홍콩식
죽인 콘지는 우리나라 죽과는 달리 묽고 점성이 낮은데, 그래서인지 소화가 더
잘 되고 부담 없이 느껴진다. 호홍키의 콘지는 고명으로는 소고기와 돼지고기,
닭고기, 해물, 내장 등 여러 가지 재료 중에서 선택할 수 있는데, 첫 도전이라면
새우나 소고기 정도가 무난하다. 밥그릇 정도의 사이즈로 양은 적은 편. 두 명이
라면 세 그릇 정도를 시켜야 배가 찬다. 소고기가 넉넉하게 들어간 볶음밥도 무
난하게 잘 맞는다. 영어가 잘 통하지 않으니 음식 사진으로 메뉴를 골라야 하는
불편함쯤은 감수해야 한다.

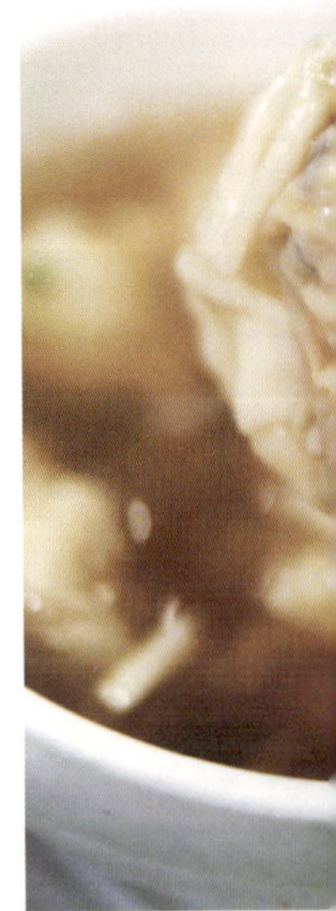

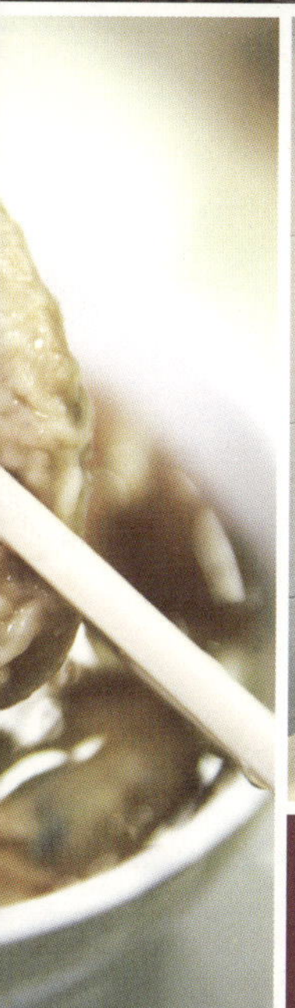

코즈웨이 베이에서 콘지를 먹는다면 호흥키가 가장 좋은 초이스다. 부드럽게 잘 쑨 콘지에 소고기, 새우, 돼지고기 등의 재료를 입맛대로 첨가할 수 있다. 구수한 국물이 일품인 완탕면도 놓치면 아까운 메뉴.

雙拼湯麵類
鮮蝦雲吞、菜肉雲吞
水餃、牛肉、牛筋、
豬手、鯪魚球、肉丸、
鮮味豬軟骨、炸醬、
蠔油冬菇
(以上任選兩款) $31

飯類
菜遠牛筋飯 $36
菜遠豬手飯 36
菜遠豬軟骨飯 36
菜遠牛坡腩飯 50
鮮牛肉飯 36

淨食類
鮮蝦雲吞
菜肉雲吞 $25
淨水餃 25
紅油三寶 25
淨雲吞水餃(鴛鴦) 31

粥類
及第粥 $31
艇仔粥 31
皮蛋瘦肉粥 31
肉丸粥 31
牛肉粥 31
魚片粥 31
鯪魚球粥 31
雲吞粥 31
水餃粥 31
冬菇粥 31
豬潤粥 31
豬肚粥 31
瑤柱白粥 20
(另轉雙拼加$6)

小食類
炸鮮蝦雲吞 $26
炸水餃 26
炸鯪魚球 26
白灼鯪魚球 26
炸蝦饺餐 36
淨牛筋 45

甜品類 夏
紅白 (熱) $20
(紅豆沙西米露加豆腐花)
紅豆沙 (熱) 20
紅豆沙西米露 (熱) 20
秘製杏仁露 (熱) 20
腐竹銀杏薏米 (熱) 20
豆腐花 (凍 熱) 20
綠豆沙 (熱) 20
楊枝金露 20
果汁先生/可樂 15
兩溝 (任選兩款熱糖水) 20

生滾水蟹蝦雲吞 $50打
生鮮蝦雲吞 $35打
生菜肉雲吞 33打
生水餃 42打
空殼魚球 42打
生肉丸 35打
自製辣椒醬 (大) 70樽
自製辣椒醬 (細) 35樽
自製蝦子 35樽
自製蝦子 (細) 10樽

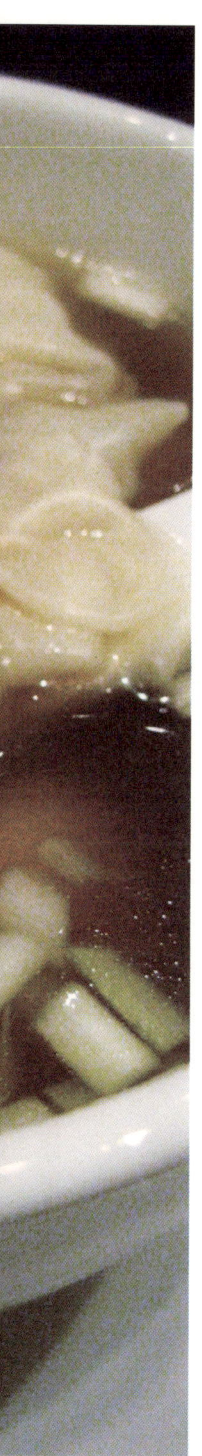

치케이 (池記) Chi Kei

● 주   소 G/F, Tak Fat Building, 52 Russell Street, Causeway Bay
● 전화번호 2575 6322
● 영업시간 11:00-23:30

센트럴에 비해 상대적으로 눈에 띄는 맛집이 적은 코즈웨이 베이에서 로컬들에
게 손꼽히는 콘지&완탕면 전문점이다. 고수 향이 이국적인 풍미를 더하는 국물
은 닭고기를 베이스로 건어물을 풍성하게 넣어 뒷맛이 구수하고 시원하다. 두
명이 간다면 완탕에 칠리소스를 얹어낸 칠리 완탕을 애피타이저 삼아 콘지와
완탕면을 한 가지씩 맛보면 적당하다. 콘지와 완탕면 외에 간단한 딤섬 종류와
볶음 국수 요리도 인기가 높으며, 가을에는 제철을 맞은 털게Hairy Crab를 넣은 털
게 콘지를 계절 음식으로 선보이기도 한다. 노란 알을 품은 털게를 넣어 끓인 콘
지는 고소한 알과 통통한 게살이 부드러운 죽과 완벽한 하모니를 선사한다. 면
발보다는 완탕에 대한 만족도가 높은 편이고, 완탕만 따로 주문할 수도 있다.

나트랑 Nha Trang

- 주　　소 G/F, 15 Wellington Street, Central
- 전화번호 2869 1331
- 영업시간 07:30-02:00

서울에서도 일주일에 한 번 이상은 베트남 쌀국수를 먹는 쌀국수 마니아인 내가 세상에서 가장 맛있는 쌀국수를 먹은 곳은 베트남이 아니라 홍콩에서다. 나트랑은 식사 시간에는 길게 줄을 서서 기다릴 정도로 현지인은 물론 관광객에게도 폭넓게 유명세를 타고 있는 곳이다. 코끝을 자극하는 진한 육수에 칼국수 면처럼 넓적한 쌀국수를 말아내고 양지, 안심, 연골 등 다양한 부위의 소고기를 넉넉히 얹어내는 퍼보Pho Boh는 쌀국수가 가질 수 있는 최상의 맛을 선사한다. 애피타이저로는 갖은 야채를 볶아 얇은 쌀피에 말아 튀겨내는 스프링롤과 껍질 채 먹는 부드러운 게를 튀겨 갖은 야채와 함께 말아낸 소프트쉘 크랩롤이 인기. 면류는 HKD35 선이고 요리는 HKD50~60 선이다. 국물을 추가하려면 HKD10를 내야 한다. 최근 완차이와 침사추이에도 분점을 냈는데, 맛은 본점과 똑같지만 영업시간이 조금씩 다르고 두 분점에서는 카드 사용이 가능하다.

홍콩에서 가장 유명한 베트남 쌀국수를 맛볼 수 있는 곳은
다름 아닌 나트랑이다. 베트남의 한 지명에서 이름을 따온
이곳은 새우, 돼지고기, 크랩 등을 넣은 롤을 애피타이저
삼아 제대로 된 쌀국수를 맛보기 좋은 곳이다.

윙와 (永華麵家) Wing Wah Noodle Shop

● 주　　소 G/F, 89 Hennessy Road, Wan Chai
● 전화번호 2527 7476
● 영업시간 10:00-23:00

국물 요리를 좋아하는 대부분의 우리나라 사람들은 홍콩 완탕면에 국물이 적은 것에 대한 불만이 많은 것 같다. 하지만 완탕면은 국물이 메인이 아니다. 꼬들한 면발과 잘 빚은 완탕이 완탕면의 맛을 판가름하는 기준이다. 물론 면, 완탕, 국물 이 셋이 완벽하게 조화를 이룬다면 금상첨화겠지만 말이다. 윙와는 이러한 완탕면의 기준에 절대적으로 부합하는 곳이다. 대나무를 사용한 전통 방식으로 면을 뽑는데, 탱탱하게 씹히는 치감이 매우 훌륭하다. 푹 퍼진 부드러운 면발이 아닌 꼬들꼬들하다 못해 드라이하게 느껴지는 면발은 씹으면 씹을수록 고소해진다. 새우 맛이 구수함을 더하는 국물은 면이 잘 넘어가도록 도울 뿐이다.

메뉴는 크게 누들과 디저트로 나뉜다. 누들은 완탕, 소고기, 돼지고기 등의 토핑을 고를 수 있고, 두 가지 이상의 토핑을 선택하거나 고명만 따로 주문해 사이드 디쉬처럼 맛볼 수도 있다. 미슐랭 가이드 홍콩 2009년판에 소개될 정도로 맛에 대한 퀄리티는 보장된 셈. 홍콩의 수많은 으리으리한 레스토랑과 어깨를 견줄 만한 수준이라는 건 과찬이지만 적어도 누들 업계에서 손꼽히는 레벨이란 건 부정할 수 없을 듯. 팥을 갈아 만든 레드 빈 퓨레에 사고Sago, 달걀 등을 넣어 먹는 디저트는 완탕면과 더불어 윙와를 대표하는 시그너처 메뉴다.

복잡하기만 한 완차이의 메인 스트리트인 헤네시 로드에서 윙와를 찾아내기란 쉽지 않다. 하지만 일단 윙와의 완탕면을 맛보면 그 까다로웠던 길 찾기의 보람을 느낄 수 있다.

槐 旺 Phở 2

大惠 4pm 7折
優惠 6pm 20%off
慶祝 越南 總店 開
60's
星期一至五 六,日及
Mon-Fri 20% 紅日 Sat,
off Sun & Public
2:00 Holiday
S 八折 3:00
4:00 優待 S
Tea Time special 4:00
4:00~6:00p.m. 下午茶
30% off 七折大優惠

포26 Pho 26

- 주　　소 **G/F, 302 Queen's Road Central, Sheung Wan**
- 전화번호 **2628 3939**
- 영업시간 **10:00-23:00**

포26은 전형적인 베트남 서민 음식점이다. 그들의 주식이 되는 쌀국수와 몇 가지 밥류, 그리고 애피타이저 개념의 롤과 샐러드 등을 낸다. 최상급 고베 비프가 들어간 쌀국수Top Choice Kobe Beef Pho가 포26의 대표 메뉴로 무려 HKD139나 한다. 고베 비프는 맥주와 사케를 먹이고 매일 마사지를 해주면서 키운다는 일본의 최상급 소고기이니 그 가격이 이해가 가기도 한다. 최상급은 아니지만 일반 고베 비프를 사용한 쌀국수HKD49도 괜찮다. 누들 위에 생고기를 얹고 뜨거운 국물을 부어내는 전형적인 베트남 스타일이다.

소고기의 부위와 익힘 정도를 선택할 수 있으며 닭고기, 돼지고기 등도 토핑으로 사용된다. 추가 토핑은 HKD5~12 선. 미Mee라고 불리는 전형적인 넓은 면이 기본으로 에그누들, 버미셀리, 캄보디언 누들 중 원하는 것으로 교체할 수 있고 면 추가는 무료다. 오후 2시부터 6시(주말은 오후 3시부터)까지 애프터눈 티 타임에는 모든 메뉴를 20% 할인해 준다. 나트랑이 베트남 색을 완화시켜 대중적의 입맛을 맞췄다면 포26은 베트남 본토의 전형적인 맛에 더 충실하다. 무난한 입맛을 가졌다면 나트랑을, 하드한 입맛을 가졌다면 포26에 도전해 보자. 완차이와 카우룽 베이에도 지점이 있다.

우리나라에서 만나는 수많은 베트남 쌀국수 체인점에서는 도저히 맛볼 수 없는 제대로 된 전통 포(Pho)를 내는 포26. 향신료의 독특한 향이 국물에 그대로 녹아들어 진한 육수 맛을 느낄 수 있으며, 불 향을 가득 담은 돼지고기 그릴도 지나치기엔 아쉬운 메뉴다.

2

Lunch

Dimsum | Brunch | Afternoon Tea & Café | Sweets

홍콩의 점심시간은 다소 시끄럽고 정신 없다. 짧은 시간 안에 끼니를 해결하고
직장이나 일터로 되돌아가야 하기 때문에 서둘러 식사를 마치기 일쑤다.
때문에 다양한 패스트푸드점, 쇼핑몰의 푸드 코트, 테이크아웃 전문점들이 많고
미팅 시간을 활용하기 위해 비즈니스 런치가 성행한다.
코즈모폴리탄 도시답게 홍콩에는 수많은 국적의 사람이 살고 있고,
레스토랑의 종류 또한 그 국적의 수와 비례한다. 특히 서양 사람들이 많이 상주하고 있는
도시이기 때문에 고급 레스토랑 중에는 유러피언이나 다국적 레스토랑이 많은 편.
외식의 도시인 홍콩에서 입맛과 예산에 맞춰 레스토랑을 고를 수 있는 선택의 폭은 그야말로 무궁무진하다.
여행 중 관광이나 쇼핑 스케줄에 맞춰 100% 마음에 드는 점심을 해결하기는 쉽지 않지만,
홍콩의 모든 쇼핑몰에는 괜찮은 수준의 레스토랑이나 푸드 코트가 있기 때문에
동선에 맞는 적당한 레스토랑을 찾기란 그리 어려운 일이 아니다.
대부분의 레스토랑은 두 가지 또는 세 가지 코스의 점심 세트메뉴를 구비하고 있는데,
파인 다이닝 레스토랑이나 스타 셰프 레스토랑에서
런치 세트메뉴를 맛보는 것도 합리적인 선택이다. 전통식으로 점심을 해결한다면 딤섬을,
잘 차려진 웨스턴 스타일의 식사를 원한다면 브런치 레스토랑의 리스트를 확인하자.

I

딤섬

Dimsum

광동 요리의 하나인 딤섬은 광동어로 '스낵'이라는 뜻으로 가볍게 먹
는 점심식사를 뜻한다. 딤섬 메뉴에는 김이 모락모락 나는 대나무통
에 쪄낸 중국식 만두와 스페인의 타파스 같은 작은 접시 요리, 디저트
가 모두 포함된다. 딤섬을 주문할 때는 으레 차 주문을 함께 받는데 향
이 강한 자스민차보다는 입 안을 깔끔하게 해주는 보이차가 딤섬에 더
적절하다. 딤섬 전문점에는 수백 가지의 메뉴가 있는데, 모험심이 강
한 사람이 아니라면 새우, 소고기, 야채 등 무난한 재료가 들어간 딤섬
을 고르는 것이 안전하다. 우리나라 사람 입맛에 잘 맞는 딤섬으로는
통새우가 들어간 하가우, 새우와 돼지고기를 섞은 슈마이, 볶은 야채를
만두피에 싸서 튀겨낸 춘권 등이 있으며, 간장에 슴슴하게 조린 돼지
갈비와 소고기볼, 쌀피에 새우 또는 소고기를 넣고 찐 뒤 간장 소스를
얹어 먹는 청편도 인기다. 대부분의 딤섬 레스토랑에는 볶음밥이나 국
수 등의 식사 메뉴를 갖추고 있으니 딤섬 서너 가지에 식사류 하나면
두 명이 충분하다. 기본적으로 한 바스켓 안에 서너 조각이 들어 있으
니 되도록이면 여럿이 가서 다양한 딤섬을 함께 나눠 먹는 게 좋다.

위문펑 (譽萬放) Dimsum

- 주　　소 **G/F, 63 Sing Woo Road, Happy Valley**
- 전화번호 **2834 8893**
- 영업시간 **11:00-16:30, 18:00-22:00**

현지인들 사이에서 가장 맛있는 딤섬으로 손꼽히는 곳이다. 해피 밸리에 위치해 있어 다소 찾아가기 힘든 단점이 있지만 그 불편함을 상쇄할 만큼 퀄리티가 뛰어나다. 코즈웨이 베이에서 택시를 타면 금방이다. 슈마이에 금가루를 뿌려내거나 전복과 관자를 이용한 딤섬 등 평범한 딤섬 전문점에서 만날 수 없는 독특한 메뉴가 많다. 딤섬 재료에 따라 가격대가 높아지긴 하지만 매번 똑같은 딤섬에 식상했다면 한 번쯤 맛보는 것도 괜찮다. 추천 메뉴는 관자를 얹은 슈마이와 하가우 등 새우가 들어간 딤섬과 양념한 닭고기 소를 넣은 연잎 찰밥 등. 사진과 한국어로 표기한 메뉴판이 있어 주문이 용이하다.

현지인들에게 단연 딤섬의 최고봉이라 불리는 위문펑의 딤섬들은 여느 곳과 차별화된 메뉴가 돋보인다. 쫄깃한 질감의 패주가 얹어진 슈마이와 전복이 들어간 하가우 등 특별한 딤섬을 원한다면 위문펑이 제격이다.

룩유 티하우스 Luk Yu Tea House

- **주　　소** G&1/F, Luk Yu Building, 24-26 Stanley Street, Central
- **전화번호** 2523 1970
- **영업시간** 07:00-22:00

1933년에 오픈한, 홍콩에서 가장 오래된 딤섬집이다. 아침 일찍 이곳을 방문하면 신문을 펼치고 앉아 혼자서 딤섬과 차를 즐기는 현지인들을 쉽게 만날 수 있다. 오전에는 왜건을 밀고 다니는 전통방식으로 운영하다가 손님이 많이 몰리는 점심시간이 되면 테이블 주문을 받는다. 오래된 딤섬집인 만큼 고풍스럽고 향수를 불러일으키는 분위기지만 메뉴 구성이나 맛은 명성에 비해 의외로 평범한 편이다. 서비스는 그다지 좋은 편이 아니고 그릇이나 접시가 많이 낡았다. 큰 기대를 하지 않는다면 무난하게 즐길 수 있는 곳이다.

음식의 맛만으로는 다른 유명 딤섬 레스토랑에 앞서지는 못하지만 오랜 역사와 노스탤지어가 느껴지는 분위기만으로도 한번쯤 방문해 봐야 할 가치가 있는 곳이다.

하카헛 Hak Ka Hut

- **주　　소** 3/F, 26 Nathan Road, T.S.T., Kowloon
- **전화번호** 2369 3822
- **영업시간** 09:00-24:00
- **홈페이지** www.taoheung.com.hk

관광객보다는 현지인들에게 더 알려진 딤섬집이다. 침사추이에서 추천할 만한 몇 안 되는 맛집 중 하나. 사진이 곁들여진 메뉴판에는 한국어로도 설명이 되어 있는데, '먹으십시요'라는 문구가 메뉴 커버에 쓰여 있는 것처럼 우리말 서비스는 뭔가 어설프지만 사진과 영어 설명만으로도 충분하니 큰 걱정은 없다. 이제껏 홍콩에서 먹어본 슈마이 중 가장 만족스러운 슈마이를 냈던 곳이고, 보드라운 쌀피에 통통한 새우를 넣고 간장 소스를 뿌려먹는 청편도 맛나다. 메뉴에 없는 마늘 소스를 곁들인 야채볶음은 놓치기 아까운 맛이니 꼭 따로 주문할 것. 침사추이 외에 코즈웨이 베이 리시어터 플라자에도 분점이 있다.

우리나라 관광객들에게 새로운 딤섬의 명소로 떠오르고 있는 하카헛. 마늘을 넣은 중국식 야채 볶음과 싱싱한 새우와 돼지고기가 황금 비율로 섞인 슈마이는 홍콩 최고의 맛이라 불릴 정도다.

VISA
金價等足15年
六四從未
不要誰來
廚部粉麵 每碟 $30

현지인들의 딤섬 분위기
에 젖어보고 싶다면 린훙
티하우스로 가자. 이가
빠진 낡은 접시와 신문을
양팔 벌려 펼친 홍콩 아
저씨들 틈에 앉아 트레이
를 일일이 확인해 가며
딤섬을 고르는 재미가 쏠
쏠하다.

린흥 티하우스(樓香蓮) Lin Heung Tea House

● 주   소 1/F, 160-164 Wellington Street, Central
● 전화번호 2544 4556
● 영업시간 06:00-23:00

이제까지 가본 홍콩의 딤섬집 중 가장 로컬스러운 분위기를 풍기는 곳이 린흥
티하우스다. 아침 일찍부터 점심시간 내내 언제 찾아가더라도 목청 높은 홍콩인
들의 수다에 둘러싸여 식사를 해야 하는 곳. 깨끗한 인테리어나 차분한 분위기
를 원한다면 피해야 할 곳이지만 현지인들과 함께 홍콩의 전형적인 딤섬 타임
을 느껴보고 싶다면 린흥 티하우스만한 곳도 없다. 영어가 전혀 통하지 않으니
몸짓 발짓으로 왜건의 통을 확인하고 눈치껏 원하는 딤섬을 선점해야 한다. 영
어나 사진으로 된 메뉴판이 없으니 소고기볼과 하가우, 슈마이, 연잎 찰밥 등 무
난한 메뉴를 고르는 것이 좋다.

맥심 Maxim's

● 주　　소 2/F, Low Block, City Hall, Central
● 전화번호 2521 1303
● 영업시간 11:00-15:00(Mon-Sat), 09:00-15:30(Sun), 17:30-23:30

딤섬의 교과서라 할 수 있는, 홍콩의 가장 대중적인 딤섬 전문점이다. 거대한 외식그룹인 맥심에서 운영하는 이곳은 센트럴의 중심이라 할 수 있는 시청에 위치해 있어 접근성도 뛰어나다. 전형적인 대규모 웨딩홀 같은 분위기지만 그 넓은 레스토랑이 줄을 설 만큼 많은 사람이 찾는다면 맛에 대한 보장은 확실하다고 보면 된다. 왜건에 딤섬 바스켓을 싣고 다니는 전통 방식과 테이블 주문이 결합된 시스템. 레스토랑의 규모가 어마어마해서 왜건 속에서 마음에 드는 딤섬을 찾기가 어려우니 테이블에서 주문하는 편이 낫다. 어떤 메뉴를 주문해도 중간 이상의 맛을 보장하니 취향에 따라 이것저것 시도해 보자. 딤섬 외에도 완탕면이나 콘지, 간단한 요리 메뉴도 갖추고 있어서 딤섬과 함께 이런저런 메뉴를 맛보기에 좋다.

세레나데 Serenade

- **주　　소** 1/F, Hong Kong Cultural Center, Restaurant Block, Salisbury Road, T.S.T., Kowloon
- **전화번호** 2722-0932
- **영업시간** 08:00-23:30

침사추이 홍콩문화센터 내에 위치한 세레나데는 맥심그룹 레스토랑 중 하나로 맥심처럼 홍콩에서 가장 무난하게 딤섬을 맛볼 수 있는 곳 중 하나다. 물고기나 토끼 등 동물 모양을 본뜬 생김새 때문에 아이를 동반한 여행객들이 흥미로워하는 곳인데, 창의적인 디자인은 높이 살 만하지만 맛은 평범한 편. 대부분의 딤섬이 3피스씩 나오기 때문에 세 명의 멤버가 가기에 안성맞춤이다. 해산물과 부추가 들어간 딤섬과 새우가 들어간 딤섬이 대체로 맛있다. 전망과 접근성에 이점을 가진 곳으로, 침사추이 '연인의 거리' 한복판에 있어 홍콩섬을 바라보는 전망이 매우 뛰어나다. 저녁에는 딤섬을 팔지 않고 전형적인 광동 레스토랑으로 변모한다.

딤섬 전문점에서는 왜 주전자 두 개를 낼까?

딤섬 전문점에서 차를 주문하면 으레 주전자 두 개를 가져다준다. 뚜껑을 열어보면 하나는 찻잎이 띄워져 있고 또 하나는 맹물일 것이다. 하루에도 수천 명의 사람들이 오가는 대형 딤섬 전문점의 경우 위생관리가 잘 안 될 때가 있다 보니, 손님들이 식사를 하기 전 직접 개인 식기를 씻기 위해 물 주전자를 내는 것이다. 뜨거운 물로 그릇과 젓가락, 숟가락을 소독하면 되고, 차가 너무 진하게 우려졌을 때 이 물을 추가해 찻물을 희석시키기도 한다. 차가 떨어졌을 때는 뚜껑을 비스듬하게 열어놓으면 종업원이 알아서 물을 채워준다.

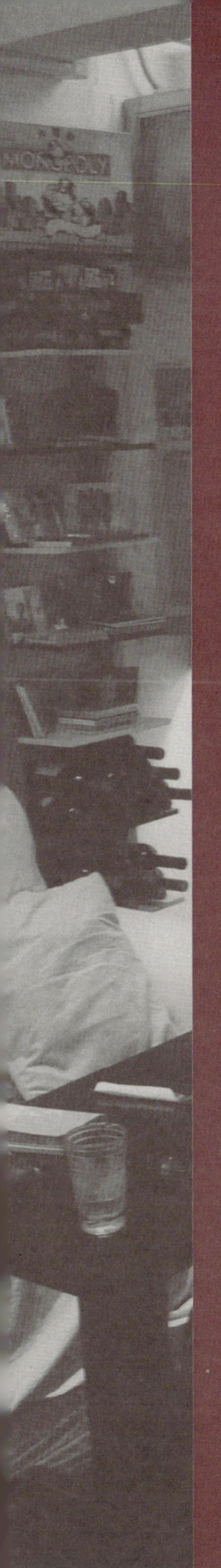

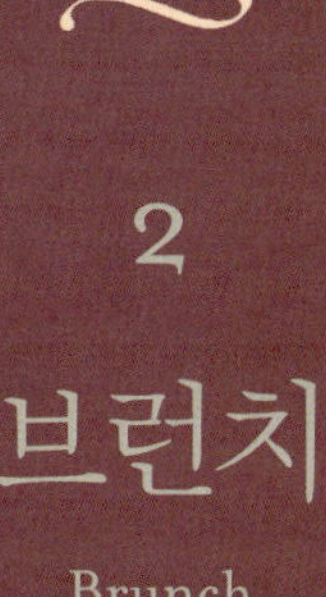

2

브런치

Brunch

몇 년 전부터 전세계적으로, 특히 아시아권에서 선풍적인 인기를 끌고 있는 브런치 열풍에 홍콩도 예외는 아니다. 주중에는 누구나 바쁜 일상을 보내기 때문에 주말의 여유를 즐기면서 캐주얼한 식사를 즐기려는 사람들이 많아졌기 때문. 몇 년 사이에 하루 종일 브런치 메뉴만 파는 전문 레스토랑도 여럿 생겨났고, 수준 높은 파인 다이닝 레스토랑들도 주말 브런치 메뉴를 따로 마련해 놓았다. 소호의 브런치 전문점에서는 유기농 재료로 만든 수프와 샐러드, 샌드위치 또는 파스타, 아기자기한 디저트 코스로 이어지는 웨스턴 스타일이 오피스 걸에게 어필하며, 대형 쇼핑몰이나 빌딩에 위치한 전망 좋은 레스토랑은 비즈니스 런치의 연장선으로 이용되는 경우가 많다.

브런치 클럽 Brunch Club 

- 주　　소 G/F, 70 Peel Street, Soho, Central
- 전화번호 2526 8861
- 영업시간 08:00-23:00
- 홈페이지 www.brunch-club.org

내가 가장 사랑하는 홍콩의 거리 소호에는 아기자기한 레스토랑과 숍들이 골목 골목마다 촘촘히 늘어서 있다. 대부분 트렌디한 레스토랑이 많아 홍콩 특유의 이국적인 느낌보다는 친근하면서도 세련된 분위기가 난다. 마치 초창기의 삼청 동이나 가로수길 같은 느낌이랄까. 평일 낮의 소호는 '과연 여기가 망하지는 않 을까?' 싶을 정도로 한적하기 그지없지만 해가 저물 무렵이면 어느새 몰려든 사 람들로 금세 분주해진다. 주말도 예외는 아니다. 한가로운 주말 점심을 즐기러 온 캐주얼한 차림의 젊은 남녀들이 그 많은 레스토랑을 빼곡히 채운다. 이러한 소호의 레스토랑 중 브런치에 가장 어울리는 레스토랑은 뭐니뭐니해도 브런치 클럽이다. 이름에서부터 브런치 전문점임을 표방하고 나선 이곳은 마치 친구 집 에 초대받은 것 같은 편안한 분위기와, 소박하지만 정성스러운 요리가 마음을 사로잡는다. 모든 메뉴는 유기농 재료만을 사용하고, 소스와 드레싱은 전부 직 접 만들어 쓴다. 애피타이저, 메인 요리, 디저트가 나오는 런치세트가 저렴하면 서도 훌륭한 구성을 이룬다. 연어를 곁들인 에그 베네딕트는 『보그』 등 여러 잡 지에 소개될 만큼 브런치 클럽을 대표하는 맛이다. 코즈웨이 베이의 분점 브런 치 클럽&서퍼Brunch Club&Supper : G/F, 4 Sun Wul Road, Causeway Bay는 저녁식사나 가 볍게 와인을 마시기에 좋은 분위기다.

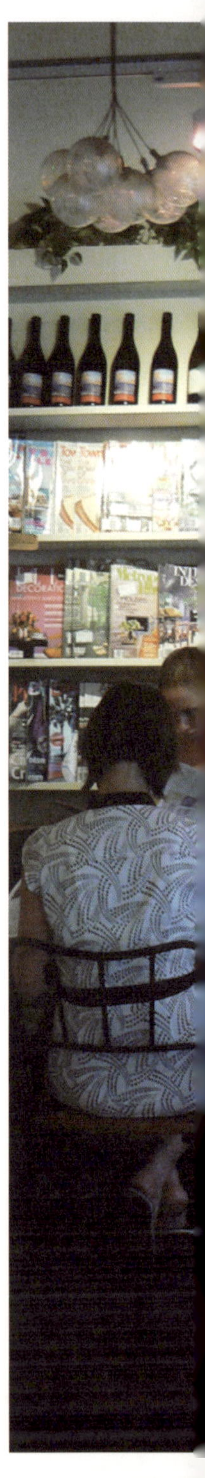

브런치 클럽의 시그니처 디쉬인 에그 베네딕트는 에그 전문점인 플라잉 팬과 견주어도 부족함이 없다. 촉촉하고 보드라운 달걀과 폭신한 빵의 조화는 완벽한 브런치 메뉴가 무엇인지를 보여준다.

소호의 좁은 골목길에 자
리 잡은 플라잉 팬을 찾아
내는 건 그리 어려운 일이
아니다. 늦은 밤에 플라잉
팬의 에그 베네딕트를 맛
보러 길게 줄을 선 외국인
들 틈에 섞여 있으면 왠지
현지인이 된 것 같은 동질
감이 느껴진다. 그리고 달
걀이 해장에 매우 좋다는
사실도 잊지 말 것.

플라잉 팬 The Flying Pan

- 주　　소 G/F, 9 Old Bailey Street, Soho
- 전화번호 2140 6333
- 영업시간 00:00-24:00
- 홈페이지 www.the-flying-pan.com

홍콩에서 주말을 보내게 되면 으레 란콰이펑에서 잘나가는 클럽을 돌아다니며 클러빙을 한다. 신나게 놀다가 밤늦은 시각 호텔로 돌아갈 때쯤이면 언제나 속이 출출해지기 마련이었는데, 그럴 때마다 우리는 란콰이펑 한복판에 위치한 서니앤바비스라는 한국식당에 들르곤 했다. 맘씨 좋은 한국인 주인장이 운영하던 그곳은, 홍콩에 거주하는 한국인들에게도 꽤 인기가 높은 편이어서 덮밥이나 라면을 먹으면서 한국인 클러버들로부터 홍콩에 새로 생긴 클럽과 DJ 파티 소식을 전해 들을 수 있는 중요한 아지트이기도 했다.

몇 년 뒤 그곳이 없어지고 난 뒤 아쉬움을 금할 길이 없던 우리는 또 하나의 새로운 뒤풀이 명소를 발견했으니, 바로 플라잉 팬이었다. 란콰이펑 골목을 따라 내려오다 늦은 시간에 사람들이 길게 줄을 선 모습을 보고 호기심에 들른 이곳은, 바나 클럽일 거라는 예상과는 달리 아기자기한 브런치 메뉴를 파는 식당이었다. 달걀을 주재료로 한 다양한 브런치 메뉴를 갖춘 플라잉 팬에서 가장 인기 있는 메뉴는 홀랜다이즈 소스를 곁들인 에그 베네딕트. 사실 이곳은 우리나라 관광객들에게도 이미 소소히 알려진 곳이기도 한데, 대부분의 관광객들은 주말 브런치 또는 점심을 먹으러 플라잉 팬을 찾곤 하지만, 술과 춤의 여흥이 가시기 전에 맛보는 따끈한 에그 베네딕트야말로 '진짜' 플라잉 팬을 상징하는 맛이다. 물론 플라잉 팬은 24시간 운영된다.

아쿠아 Aqua

- 주　　소 **Penthouse, 1 Peking Road, T.S.T.**
- 전화번호 **3427 2288**
- 영업시간 **12:00-14:30, 18:00-23:00**
- 홈페이지 **www.aqua.com.hk**

홍콩에서 가장 규모가 큰 레스토랑 그룹인 아쿠아는 홍콩 전역에 서로 다른 테마로 수십 개에 달하는 레스토랑을 운영한다. 아쿠아그룹을 대표하는 레스토랑 아쿠아는 오픈한 지 십 수년이 지난 요즘까지도 꾸준한 인기를 모으는 곳이다. 이탈리안, 재패니즈 요리를 기본으로 베이식한 요리와 현대식으로 재해석한 퓨전요리를 모두 선보인다. 한자리에서 여러 가지 요리를 맛볼 수 있으니 일석이조. 탁 트인 통유리를 통해 바라보이는 하버와 홍콩섬의 풍경이 근사해서 창가 자리를 잡으려면 일주일 전에는 미리 예약해야 한다. 월요일부터 금요일까지는 두 가지 또는 세 가지 코스로 짜여진 세트메뉴를, 주말에는 일식과 이탈리안이 함께 구성된 브런치 메뉴HKD398를 제공한다. 아쿠아 대표 메뉴로 짜여진 안티파스토 플래터와 신선한 해산물과 회, 롤 등으로 짜여진 일식 플래터 애피타이저를 시작으로, 오징어먹물 스파게티와 토마토소스 뇨끼, 판체타와 블랙 트러플이 들어간 파스타 섹션이 이어진다. 메인 메뉴는 오리, 스테이크, 생선 등의 이탈리안과 모둠 튀김, 치킨 데리야키, 장어 덮밥 등의 일식 중에서 선택할 수 있다. 오렌지 셔벗과 티라미수로 구성된 디저트로 마무리하면 주말 오후가 만족스럽게 채워진다. 요금을 추가하면 뵈브 클리코 샴페인 한 잔 또는 이탈리안 스파클링 와인Presecco을 무제한으로 마실 수 있는 샴페인 브런치HKD498를 즐길 수 있다.

아쿠아 브런치 메뉴의 가장 큰 특징은 다양함이다. 아쿠아의 컨셉트인
재패니즈와 이탤리안의 크리에이티브 디쉬가 완벽한 조화를 이룬 코스
메뉴가 환상적인 프리젠테이션으로 펼쳐진다.

펄 온 더 피크 Pearl on the Peak

- 주　　소 Shop 2, L/1, The Peak Tower, 128 Peak Road, The Peak
- 전화번호 2849 5123
- 영업시간 12:00-15:00, 18:00-22:30(Mon-Fri), 18:00-23:30(Sat-Sun, 공휴일)
- 홈페이지 www.maxconceps.com.hk

처음 홍콩을 방문한 사람이라면 누구나 찾게 되는 피크. 이제는 마담 투소에서 밀랍인형과 사진 촬영을 하는 것보다 전망 좋은 레스토랑에서 여유로운 식사와 와인을 즐기는 게 더 어울릴 나이다. 전망 좋기로 소문난 피크에는 중식, 일식, 패밀리 레스토랑, 카페 등 홍콩의 아름다운 뷰를 즐길 수 있는 많은 레스토랑이 포진해 있다. 이중 가장 분위기 좋고 어른스러운 레스토랑이 바로 펄 온 더 피크다. 빅토리아 하버와 센트럴의 뷰가 한눈에 바라보이는 이곳의 전망은 홍콩에서 가장 아름다운 뷰로 손꼽히는 곳 중 하나다. 버라이어티한 인터내셔널 퀴진을 컨셉트로, 특히 그릴을 이용한 요리가 뛰어나다. 클래식한 요리를 모던하게 해석한 아이디어와 프레젠테이션이 보는 즐거움을 더한다. 오가닉 달걀 요리와 해산물 또는 그릴 요리를 선택할 수 있는 브런치 메뉴가 HKD288이다. 쥬이시한 육즙을 가득 품고 있는 버거가 특히 맛나다. 브런치 메뉴에 HKD70를 더하면 샴페인 한 잔을 추가할 수 있다. 어마어마한 규모의 와인 셀러를 보유하고 있어 음식에 어울리는 와인을 추천 받기에도 좋다.

홍콩을 한 눈에 내려다볼 수 있는 피크에는 언제나 관광객들로 붐빈다. 펄 온 더 피크는 수많은 피크의 레스토랑 중 단연 어른들을 위한 군계일학이다. 퀄리티가 뛰어난 차콜에 구워낸 햄버거는 은은한 숯향과 주이시한 육즙을 가득 담은 브런치 메뉴의 지존이다.

더 박스 The Box 

- 주　　소 Shop 4008, Podium Level 4, Two IFC, 8 Finance Street, Central
- 전화번호 2234 7738
- 영업시간 12:00-14:30, 18:00-23:00(Closed Sat-Sun)
- 홈페이지 www.jcgroup.hk

더 박스는 독특한 레스토랑이다. 낮에는 타이 뷔페 레스토랑이었다가, 저녁이 되면 캐주얼한 이탈리안 레스토랑으로 변신한다. 월요일부터 금요일까지 낮 시간에만 제공되는 타이 뷔페는(엄밀히 말하면 브런치라 할 수 없지만), HKD128라는 저렴한 가격으로 IFC몰 근처 직장인과 관광객에게 어필한다. 5층에 위치해 탁 트인 전망을 자랑하는 더 박스는 IFC몰의 또 다른 레스토랑인 에이치 원H One, 할란스Harlan's의 자매 레스토랑인데, 맛으로 정평 난 두 레스토랑의 명성에 걸맞게 음식 수준 또한 뛰어나다. 런치 뷔페에는 애피타이저부터 메인 요리, 식사류, 디저트까지 원하는 음식으로 코스를 구성해서 즐길 수 있는 메뉴들이 준비되어 있다. 싱싱한 재료를 사용해 정통 타이식으로 조리하면서도 무난한 메뉴들로 구성해 아시안부터 서양인까지 두루 입맛에 맞는다. 코리앤더 같은 향료는 사이드에 따로 비치해 두어 입맛에 맞게 조절할 수 있다.

뷔페 레스토랑에 대한
편견이 없다면 더 박스
는 알찬 점심식사를 위
한 현명한 선택이다.
다섯 가지 맛을 아우르
는 전통의 태국 요리를
입맛에 따라 즐길 수
있다. 통유리 너머로
펼쳐지는 하버 뷰도 더
박스를 특별하게 만드
는 요소다.

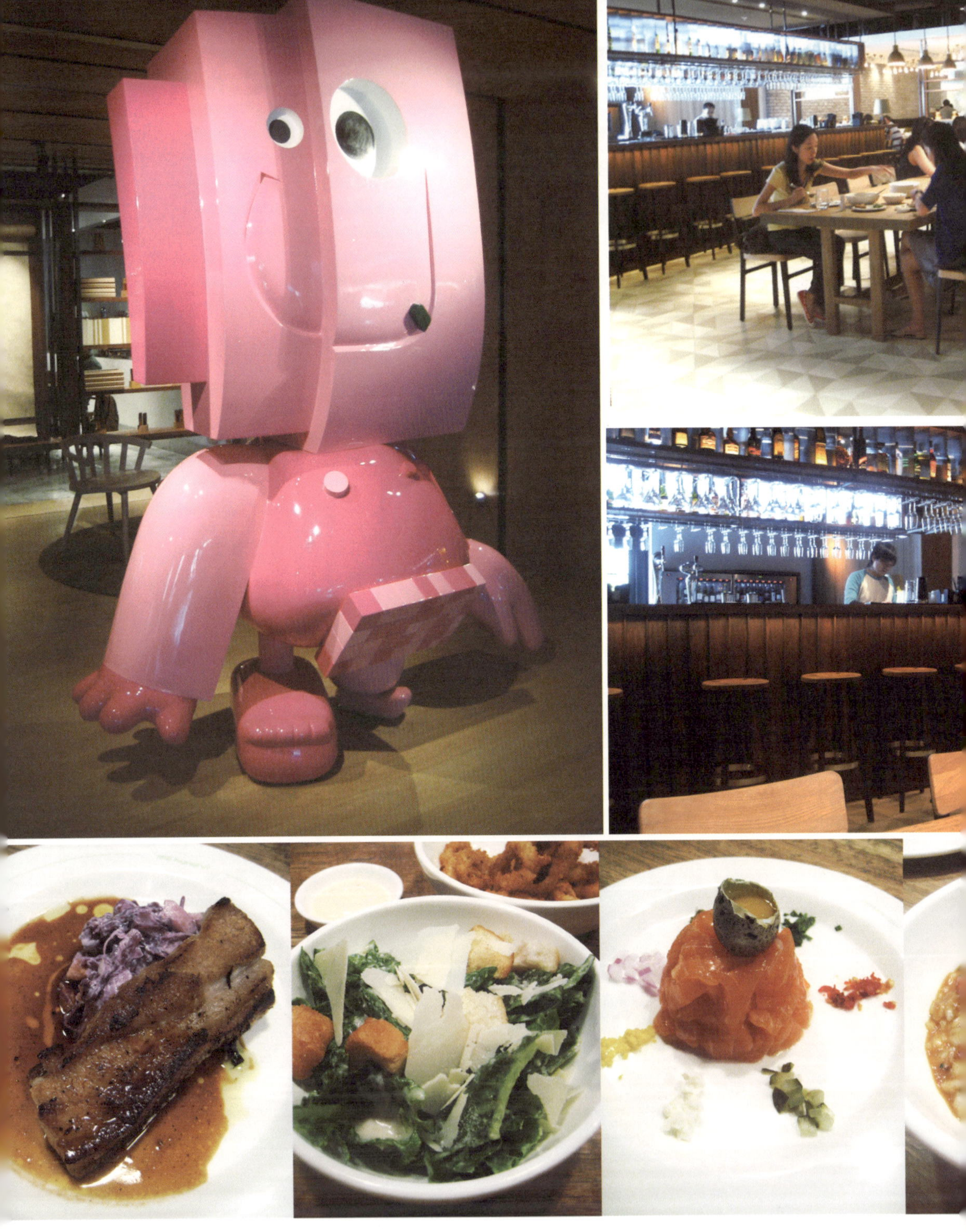

에스엠엘  SML

- ● 주　　소　Shop 1105, 11/F, Times Square, 1 Matheson St, Causeway Bay
- ● 전화번호　2577 3444
- ● 영업시간　11:30-23:00
- ● 홈페이지　www.smlrestaurant.com

SML의 모든 요리들은 이름 그대로 소Small, 중Medium, 대Large 사이즈로 나뉜다. '건강식을 가볍고 맛있게 먹자'는 최근 레스토랑 트렌드를 적절하게 반영한 결과다. 샐러드, 파스타, 육류나 생선 요리, 디저트로 나뉜 메뉴 구성은 평범한 편에 속하지만, 데커레이션만큼은 제이미 올리버나 델리아 스미스의 요리책 화보에서 막 튀어나온 것처럼 근사하다. 쇼핑몰에 위치한 만큼 시원시원한 공간 구성이 돋보이고, 마치 누군가의 가정집에 와 있는 듯 편안한 인테리어로 꾸며졌다. 소호의 캐주얼한 레스토랑으로 이름 높았던 프레스룸(The Press Room-현재는 시푸드 레스토랑으로 리오픈했다)과 완차이의 잉글리시 레스토랑인 더 포운 The Pawn에 이어 코즈웨이 베이에 세 번째 레스토랑을 오픈한 오너는 그가 가진 감각적인 센스를 인테리어와 메뉴에 걸쳐 섬세하게 드러냈다. 요리의 컨셉트는 아시안 터치가 가미된 이탈리안 퀴진을 기본으로, 로켓과 파마산 치즈, 트러플 오일의 비르 카르파치오, 소꼬리 스튜의 리조토, 레드 캐비지 코울슬로가 곁들여진 바삭한 삼겹살 요리 등이 유명하다. 두 명이 간다면 작은 사이즈 요리 서너 가지에 해피엔드Happy End라는 테마로 분류된 디저트로 마무리하면 즐거운 식사가 될 것이다.

팻 버거 Fat Burger 

- **주　　소** G/F, QRE Plaza, 196-206 Queens Road East, Wanchai
- **전화번호** 2891 8855
- **영업시간** 11:00-22:00
- **홈페이지** www.fatburger.com

온갖 조미료와 질 낮은 재료로 만든 패스트푸드로 인식되어 있는 햄버거를 건강식으로 받아들이는 데는 이의가 있을지도 모른다. 하지만 좋은 재료를 엄선해 만든 수제 햄버거야말로 균형 잡힌 웰빙 푸드 중 하나다. 세계적으로 몇 년 전부터 직접 다져 만든 패티와 신선한 채소 등을 듬뿍 넣은 수제 햄버거가 인기를 끌고 있다. 홍콩도 예외는 아니어서 트리플오Triple-O's, 셰이큼번스Shake'em Buns, 버거 룸Burger Room, 버거 리퍼블릭Burger Republic, 구어메 버거 유니언Gourmet Burger Union 등의 수많은 수제 버거 전문점이 성황이고 듀크 버거Duke's Burger, 댄 라이언Dan Ryan 같은 정통 버거 전문점은 꽤 괜찮은 파인 다이닝 레스토랑으로 분류되기도 한다.

빵과 고기, 야채를 황금 비율로 쌓은 햄버거야말로 완벽한 웰빙 푸드에 가깝다. 차콜 향이 가득한 패티는 고소한 육즙을 가득 담고 있으며, 치즈와 베이컨 등을 옵션으로 초이스할 수 있어 선택의 폭이 넓다.

그중 새로운 구어메 지역으로 떠오르고 있는 완차이의 QRE 빌딩에 오픈한 팻 버거는 1952년 LA에서 시작된 정통 수제 버거 전문점이다. 얼리지 않은 생고기로 만든 패티는 주문이 들어오면 바로 그릴에 굽기 시작하고, 기호에 따라 치즈와 베이컨 등을 추가해 햄버거를 완성한다. 소고기 패티 외에도 닭고기와 칠면조, 베지테리언을 위한 메뉴가 따로 마련되어 있고, 패티, 치즈, 베이컨, 칠리 등을 추가할 수 있다. 콜레스테롤 걱정이 없는 신선한 기름에 튀겨내는 프렌치프라이 또는 생양파로 만든 어니언 링을 곁들인 세트로 주문하는 것이 좋다. 여러 가지 향신료를 섞어 만든 칠리소스가 독특하고, 콜라보다는 아이스크림을 직접 갈아 만든 셰이크를 추천한다.

3

애프터눈 티 & 카페

Afternoon Tea & Café

영국의 오랜 지배를 받았던 홍콩은 자연스럽게 그들의 문화를 받아들였다. 영국인들이 점심식사 후 쿠키나 스낵을 곁들여 티타임을 가진 것에서 유래한 애프터눈 티는 홍콩 문화의 일부로 자리매김했다. 현재 대부분의 호텔 라운지에서 애프터눈 티 메뉴를 갖추고 있는데, 가격은 300불 내외로 다소 비싼 편이지만 간단한 요깃거리가 포함되어 있어 식사 대용으로도 손색이 없다. 잘 구워진 스콘과, 함께 곁들여지는 클로디드 크림, 햄, 치즈, 오이 등으로 만든 심플한 영국식 샌드위치에 향 좋은 티 또는 커피 등을 곁들이며 여유로움을 느껴보는 것도 홍콩 여행의 색다른 경험이다. 두 명이 간다면 애프터눈 티에 음료 하나만 추가해서 가볍게 체험해 보는 것도 좋다.

차이나 티클럽 China Tea Club

- 주　　소 **1/F, Pedder Building, 12 Pedder Street, Central**
- 전화번호 **2521 0233**
- 영업시간 **15:00-17:30**
- 홈페이지 **www.chinateaclub.com**

마치 1920년대 마담들이 둘러앉아 차 한잔과 함께 마작을 즐기며 무료한 오후를 보냈을 것 같은 고즈넉한 분위기다. 영화 〈색계〉에 나오는 리펄스 베이 '베란다'의 도심 버전이랄까. 천장에는 나무로 된 팬이 천천히 움직이고 옛 홍콩의 분위기를 느낄 수 있는 이국적인 인테리어가 돋보인다. 애프터눈 티 구성은 여느 호텔과 크게 다르지 않고 가격은 살짝 가벼운 편이다. 애피타이저와 메인 요리, 디저트가 코스로 나오는 런치 세트메뉴도 가격 대비 훌륭하다.

센트럴의 한가운데 이렇게 고즈넉한 티 하우스가 있다는 건 정말 의외다. 나무로 된 팬이 천장에서 돌아가고 손때가 묻은 테이블과 의자는 마치 50년 전 홍콩으로 타임머신을 타고 돌아간 듯한 향수에 젖게 한다.

클리퍼 라운지 Clipper Lounge at Mandarin Oriental

- 주　　소 **M/F, Mandarin Oriental, 5 Connaught Road, Central**
- 전화번호 **2522 0111**
- 영업시간 **15:00-18:00**
- 홈페이지 **www.mandarinoriental.com/hongkong**

홍콩의 고전 호텔 중 하나인 만다린 오리엔탈에는 그 역사만큼이나 유명한 베이커리가 있다. 만다린 베이커리는 장미꽃 잼과 치즈케이크로 명성이 높은데, 클리퍼 라운지에서는 그 베이커리에서 직접 구워내는 다양한 스콘과 쿠키, 케이크를 맛볼 수 있는 애프터눈 티 세트를 마련해 놓고 있다. 케이크로 유명한 베이커리인 만큼 샌드위치나 쿠키보다는 케이크 맛이 가장 뛰어나다(장미꽃 잼은 화장품 향이 나서 유명세만큼 맛있지는 않았다). 메자닌 플로어에 위치해 있어 페닌슐라나 인터컨티넨탈 같은 운치는 없지만 맛으로는 그 차이를 상쇄할 수 있을 정도다. 애프터눈 티 타임을 제외한 아침, 점심, 저녁 시간은 뷔페 레스토랑으로 운영된다.

오랜 역사 만큼이나 높은 명성을 자랑하고 있는 만다린 오리엔탈 호텔의 클리퍼 라운지. 최근 새로 오픈한 호텔에서 세련된 인테리어와 애프터눈 티 메뉴를 선보이고 있다고 해도 전통을 쉽게 따라 갈 수는 없는 것 같다. 'Oldies but Goodies'가 딱 어울리는 곳이다.

더 라운지 The Lounge at Four Seasons

- ● 주　　소 1/F, Four Seasons Hotel, 8 Finance Street, Central
- ● 전화번호 3196 8820
- ● 영업시간 15:00-17:30
- ● 홈페이지 www.fourseasons.com/hongkong

포시즌스의 더 라운지는 『Hong Kong Tatler』에서 발행하는 권위 있는 레스토랑 가이드인 『Hong Kong Best Restaurant』에서 선정한, 홍콩 최고의 스콘을 내는 곳이다. 따끈하게 잘 구워진 스콘에 퀄리티 높은 클로디드 크림을 곁들여 먹는 리치한 맛은 가히 홍콩 베스트라 꼽을 만하다. 싱싱한 과일을 얹은 타르트, 미니 사이즈의 케이크도 스콘에 뒤지지 않는 훌륭한 수준. 금액을 추가하면 티 대신 뵈브 클리코 샴페인으로 음료를 교체할 수 있다.

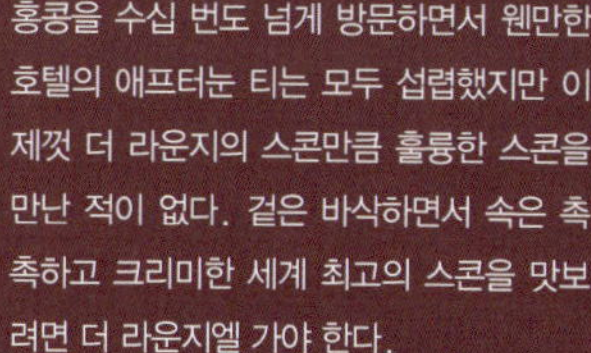

홍콩을 수십 번도 넘게 방문하면서 웬만한 호텔의 애프터눈 티는 모두 섭렵했지만 이제껏 더 라운지의 스콘만큼 훌륭한 스콘을 만난 적이 없다. 겉은 바삭하면서 속은 촉촉하고 크리미한 세계 최고의 스콘을 맛보려면 더 라운지엘 가야 한다.

모 바 Mo Bar at Landmark Mandarin

● 주　　소 G/F, The Landmark Mandarin Oriental, 15 Queen's Road, Central
● 전화번호 **2132 0188**
● 영업시간 **15:00-17:30**
● 홈페이지 **www.mandarinoriental.com/landmark**

센트럴의 중심이라 할 수 있는 랜드마크 만다린 호텔 1층에 위치한 모 바는 아침부터 저녁까지 가벼운 스낵과 음료, 주류를 아우르는 다목적 바다. 이곳에서는 오후에 애프터눈 티 메뉴를 마련해 놓고 있는데, 전통 방식이 아닌 현대적으로 모던하게 재해석한 아이디어가 돋보인다. 길게 디자인된 사각 트레이를 3단으로 배치하고 샌드위치와 쿠키, 케이크 등의 메뉴를 층층이 올렸다. 포함된 음료는 다양한 티뿐 아니라 샴페인으로도 주문할 수 있다.

더 로비 The Lobby at The Peninsula Hong Kong

● 주　　소 G/F, The Peninsula, Salisbury Road, T.S.T., Kowloon
● 전화번호 2315 3146
● 영업시간 14:00-19:00
● 홈페이지 www.peninsula.com

홍콩에서 가장 영국다운 애프터눈 티를 경험할 수 있는 곳이 바로 페닌슐라 로비다. 하이 실링의 높은 천장과 콜로니얼 스타일의 장식적인 디테일이 돋보이는 이 고전적인 공간에서 애프터눈 티를 경험하는 것은 홍콩 여행 비기너라면 반드시 거쳐야 할 코스 중 하나다. 그만큼 관광객이 많다는 것이 단점이긴 하지만, 티파니의 실버 트레이와 티세트에 서브되는 특별한 경험을 놓치고 싶지 않다면 꼭 들러볼 것.

카페 스포일 Café Spoil

● 주　　소 **G/F, Shop A, 1 Sun Street, Wan Chai**
● 전화번호 **3589 5678**
● 영업시간 **12:00-22:30(Mon-Sat)**

새롭게 떠오르는 핫 스폿들이 모여 있는 완차이 스타 스트리트 골목에 위치한 카페 스포일. 마치 한가로운 가든에 앉아 친구가 차려주는 홈메이드 음식을 맛보는 기분으로 편안한 시간을 보낼 수 있도록 한다는 것이 이곳의 취지다. '스포일'이라는 이름은 이곳에서 'Spoiled(행복감에 젖는다는 뜻)'되는 기분을 누리라는 의미를 담고 있다. MSG를 전혀 사용하지 않은 깔끔한 홈메이드 푸드를 맛볼 수 있으며, 바삭한 설탕 크런치가 토핑된 크런치 케이크도 인기다. 16석밖에 안 되는 아담한 규모의 이곳에서 직접 만든 케이크는 금세 동이 날 수도 있으니 서두를 것.

허이라우산(許留山) Hui Lau Shan

- 주　　소 **Shop 26, G/F, Po Hon Building, 24-30 Percival Street, Causeway Bay**
- 전화번호 **2574 6866**
- 영업시간 **12:00-24:00**(영업시간은 지점마다 다름)
- 홈페이지 **www.hkhls.com**

내가 홍콩 공항에 도착해서 가장 먼저 하는 일은 바로 허이라우산의 수박 주스를 먹는 것이다. 홍콩 공항뿐 아니라 홍콩 전역에 걸쳐 수십 개의 매장을 운영하고 있는 허이라우산은 망고를 메인으로 한 디저트 전문점이다. 망고 푸딩이나 망고 케이크, 망고 주스 등의 망고로 만든 디저트는 홍콩 현지인은 물론 홍콩을 방문하는 전세계의 여행자들이 즐겨 찾는 메뉴다. 나는 망고 주스보다는 수박 주스를 선호하는 편인데, 망고는 너무 많이 먹으면 설사를 할 위험이 있고 무엇보다 갈증을 없애주는 데는 망고보다 수박 주스가 효과적이다.

4
스위츠

Sweets

홍콩 사람들의 '단 맛'에 대한 애정은 점점 깊어간다. 각종 열대과일을 이용한 음료와 에그 타르트 같은 전통 디저트가 현재까지도 꾸준히 사랑받고, 최근에는 유럽에서 들어온 역사 깊은 초콜릿 브랜드와 디자이너가 만든 디저트 전문 브랜드가 특히 인기다. 홍콩 여성들에게 디저트로 컵케이크와 마카롱 중 어떤 걸 먹을까 하는 고민은, 루이 뷔통과 샤넬 가방 중 하나를 선택할 때와 같은 하중의 고민거리다.

아녜스베 델리스 Agnes.b Délices 

- 주　　소 G/F, Fashion Walk 11, Causeway Bay
- 전화번호 2577 0338
- 영업시간 11:30-21:30 (매장마다 다름)
- 홈페이지 www.agnesb-delices.com

홍콩에서 폭넓은 마니아 층을 거느리고 있는 아녜스베는 패션 외에 프렌치 레스토랑인 르 팽 그릴과 초콜릿 전문점인 델리스까지 브랜드 영역을 확장했다. 델리스에서는 다양한 초콜릿 완제품과 그램당 플레인 초콜릿을 판매하는데, 패션 디자이너의 초콜릿임에도 불구하고 여느 전문점에 뒤지지 않는 수준급 초콜릿을 선보인다. 원하는 제품을 고르면 아녜스베의 마크가 찍힌 깜찍한 박스에 포장해 주는 점도 아녜스베 델리스를 찾게 되는 이유 중 하나다. 코즈웨이 베이와 센트럴, 침사추이 등 홍콩 전역에 걸쳐 총 9개의 숍을 운영 중이다.

홍콩 사람들의 아녜스베 사랑은 대단하다. 그리고 홍콩 사람들
은 달콤한 것에 환장한다. 그럼, 아녜스베 델리스가 초콜릿을
만들었다면? 그 결과는 두말할 필요가 없지 않은가.

르 구테 베르나르도 Le Goûter Bernardaud

- **주　　소** Shop 1106, Podium 1, IFC Mall, 8 Finance Street, Central
- **전화번호** 2295 3955
- **영업시간** 08:00-20:00(Mon-Fri), 11:00-20:00(Sat-Sun)
- **홈페이지** www.legouter.com

르 구테 베르나르도는 프랑스에서 물 건너온 정통 디저트 전문점이다. 고급 테이블 웨어 시리즈로 명성이 높은 베르나르도 사가 운영하는 것으로, IFC몰, 퍼시픽 플레이스, 엘리먼츠, 하버 시티 등 홍콩에 벌써 4개의 지점을 오픈할 정도로 인기가 높다. 르 구테 베르나르도를 대표하는 것은 형형색색의 마카롱이다. 초콜릿, 얼그레이, 레몬, 피스타치오, 오렌지, 망고 등 다양한 맛을 지닌 수십 가지 컬러의 마카롱은, 보는 것만으로도 입 안 가득 침이 고이게 만든다. 베르나르도 고유의 블루 박스에 담아주니 선물용으로도 그만이다. IFC몰 2/F에 카페 개념의 살롱 드 테Salon de Thé를 운영 중이다.

마카롱의 지존이라 불리는 르 구테 베르나르도를 본고장인 파리가 아닌 홍콩에서 만날 수 있다는 것만으로도 행운이다. 크리스피하고 쫀득한 마카롱의 매력에 빠지고 싶다면 당장 르 구테 베르나르도로 가자!

오픈하자마자 홍콩 여성들에게 폭발적인 인기를 끌었던
시프트의 명성은 지금까지도 이어진다. 진한 초콜릿의
풍미가 느껴지는 초콜릿 케이크와 부드러운 머랭을 얹은
컵 케이크를 맛본 후 내 디저트 입맛이 한층 업그레이드
되었다.

sift

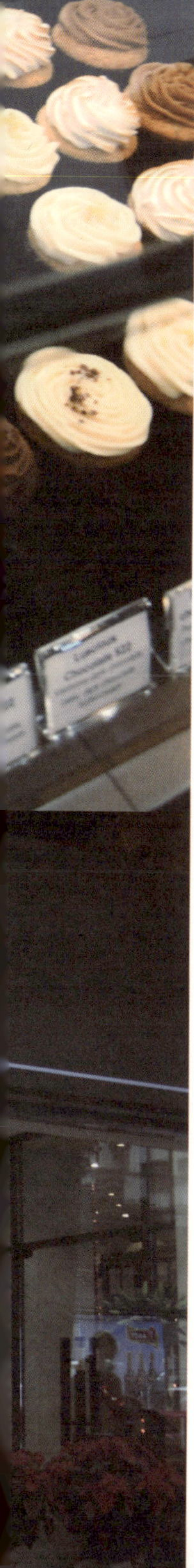

시프트 Sift

- **주　　소** G/F, 51 Queens Road East, Wan Chai
- **전화번호** 2528 0084
- **영업시간** 12:30-20:00(Closed Mon)
- **홈페이지** www.siftdesserts.com

홍콩 디저트계의 역사를 다시 썼다는 평을 받고 있는 시프트는 세련되고 감각적인 데커레이션과 세련된 맛으로 홍콩의 디저트 러버들에게 큰 사랑을 받고 있다. 호라이즌 플라자와 완차이에는 파티세리를, 소호에는 디저트 바를 운영 중인데, 파티세리에서는 제품 구입만 가능하고 시식을 위한 공간은 따로 마련되어 있지 않다. 소호의 디저트 바에서는 다양한 디저트와 음료를 맛볼 수 있는데, 초콜릿 가나슈, 프랄린 크런치, 초콜릿 퍼지가 들어간 시프트 초콜릿 케이크, 메이플과 마스카포네가 함유된 치즈케이크가 인기다. 저녁에는 와인과 디저트를 함께 즐기려는 사람들로 붐빈다. 특히 완차이 파티세리는 부드럽고 달콤한 컵케이크와 색깔 별로 앙증맞게 진열된 마카롱을 테이크아웃하려는 사람들의 발길이 끊이지 않는다.

아르마니 돌치 Armani Dolci

- **주　　소** Shop 115, 1/F, Chater House, 11 Chater Road, Central
- **전화번호** 2532 7728
- **영업시간** 10:30-20:00(Mon-Sat) 11:00-20:00(Sun, 공휴일)

거대한 패션 왕국을 거느리고 있는 조르지오 아르마니는 디자이너 레스토랑을 가장 먼저 선보일 만큼 레스토랑 비즈니스에도 관심이 많다. 홍콩의 아르마니 하우스라 할 수 있는 차터하우스에는 패션 스토어 외에 플라워숍, 바, 북스토어와 함께 디저트 전문점인 아르마니 돌치가 자리잡고 있다. 돌치Dolci란 이탈리아어로 'Sweet'라는 뜻으로 아르마니 돌치에서는 달콤한 초콜릿과 티 등을 판매한다. 홍콩에 세계적인 디저트 전문점이 속속 들어서면서 아르마니 돌치의 인기가 살짝 시들었다곤 하지만, 오감을 아우르는 아르마니 특유의 세련된 감각을 느껴보고 싶다면 여기만한 데도 없다.

장 폴 에뱅 Jean-Paul Hévin

- 주　　　소 **Shop 309, 3/F, Times Square, Causeway Bay**
- 전화번호 **2111 9967**
- 영업시간 **11:00-21:00**
- 홈페이지 **www.jphevin.com.hk**

르 구테 베르나르도가 홍콩에 상륙하면서 홍콩 디저트계에 새로운 역사를 썼다면 장 폴 에뱅은 정통 프랑스 디저트란 무엇인가를 홍콩 사람들에게 다시 한 번 각인시켜 주는 든든한 지원군이다. 장 폴 에벵은 프랑스 정부에서 인정받은 파티세리로, 가장 프랑스다운 디저트를 만든다는 평을 받고 있다. 크리스피하면서도 쫀득한 질감을 선사하는 각양각색의 마카롱, 하나하나 정성스럽게 데커레이션한 수제 초콜릿은 물론 초콜릿 케이크인 몽블랑과 풍부한 맛의 생크림을 얹은 타르트 등 어느 하나 놓치기 아까운 메뉴들뿐이다. IFC몰에 부티크 형식의 초콜릿 바가 있다.

라 메종 뒤 쇼콜라 La Maison du Chocolat

● 주　　　소　Shop 246, Level 2, Pacific Place, 88 Queensway, Admiralty
● 전화번호　2522 2010
● 영업시간　10:00-20:30(Mon-Thu), 10:00-21:00(Fri-Sun)
● 홈페이지　www.lamaisonduchocolat.com

라 메종 뒤 쇼콜라는 프랑스를 대표하는 수제 초콜릿 숍 중 하나로, 침대처럼 생긴 로고는 카카오 원두를 가는 도구인 메타트 La Metate를 상징한다. 밀크와 초콜릿의 비율을 달리한 서로 다른 맛의 초콜릿들이 단계별로 준비되어 있다. 초콜릿은 그램당으로 팔기도 하고 조각으로 판매하기도 하며, 조각 개수에 맞춰 선물 포장도 가능하다. 초콜릿 전문점답게 초콜릿 마카롱, 초콜릿 파운드 케이크, 초콜릿 에클레르 등 초콜릿으로 만든 건 뭐든 맛있다. 프랑스 작가인 장 폴 아롱 Jean-Paul Aron이 극찬했다는 가나슈 Ganache는 꼭 맛볼 것.

타이청 베이커리 Tai Cheung Bakery

● 주　　소　G/F, 32 Lyndhurst Terrace, Central
● 전화번호　2544 3475
● 영업시간　07:30-20:30(Mon-Sat), 8:30-19:30(Sun, PH)
● 홈페이지　www.taicheongbakery.com

에그 타르트는 본래 포르투갈의 전통음식이다. 포르투갈의 오랜 지배를 받았던 마카오에 정착한 에그 타르트는 이후 홍콩에 건너와 꾸준하게 사랑받는 메뉴로 자리잡았다. 마카오식 에그 타르트와 홍콩식 에그 타르트는 필링과 굽는 정도에 따라 약간의 차이가 있는데, 타이청 베이커리는 좀더 부드러운 질감의 홍콩식 에그 타르트를 만들어내는 곳이다. 홍콩의 마지막 총독인 크리스 패튼이 영국에 돌아가서도 이곳의 에그 타르트 맛을 잊지 못했다는 일화로도 유명하다. 노란 커스터드 크림이 가득 채워진 에그 타르트는 홍콩에 대한 달콤한 그리움으로 남을 것이다.

3
Dinner

Fine Dining | Casual Dinner | Private Kitchen

외식의 도시인 홍콩에서 입맛과 예산에 맞춰

레스토랑을 고를 수 있는 선택의 폭은 그야말로 무궁무진하다.

코즈모폴리탄 도시답게 홍콩에는 수많은 국적의 사람이 살고 있고,

레스토랑의 종류 또한 그 국적의 수와 비례한다.

특히 서양 사람들이 많이 상주하고 있는 도시이기 때문에

고급 레스토랑 중에는 유러피언이나 다국적 레스토랑이 많은 편.

홍콩의 상징인 빅토리아 하버가 펼쳐지는 뷰는 레스토랑의 평가와 가격을

한 단계 업그레이드해 주는 중요한 척도가 된다.

드레스 코드 Dress Code

파티에만 드레스 코드가 필요한 게 아니다. 파인 다이닝 레스토랑에서는 입장 시 '최소한의 예의를 갖춘 옷차림'이 요구된다. 턱시도와 보타이 차림은 오버지만, 가벼운 재킷은 필수며 여자라면 심플한 원피스에 샌들 정도는 갖춰야 한다. 플립플랍 같은 슬리퍼는 절대 허용하지 않으며, 반바지 차림도 불가인 경우도 많다. 낮에 관광과 쇼핑하러 돌아다니던 차림 그대로라면 곤란하다. 홍콩의 밤에 '한껏 멋부린 차림'이 꼴불견이었던 적은 한 번도 없었다.

와인 Wine

'중국' 하면 으레 독한 술을 연상하게 마련이지만 홍콩은 다르다. 글로벌한 도시답게 서양의 와인 문화를 빨리 받아들였고, 2009년부터 폐지된 주류세 덕에 홍콩에서 와인을 많이 마시는 건 오히려 돈을 버는 것처럼 느껴질 정도다. 대부분의 중급 이상 레스토랑은 기본적인 와인 리스트를 갖추고 있으며, 로컬 중식 레스토랑에서도 대중적인 와인 서너 가지는 구비하고 있다. 고급 레스토랑에서는 매니저나 소믈리에가 요리에 잘 매치되는 와인을 추천해 주기도 한다. 와인의 종류는 넘쳐나고 가격도 무척이나 저렴하니, 내가 홍콩 여행에서 낮부터 와인을 홀짝거리는 건 어쩌면 당연한 일일지도 모르겠다.

I

파인 다이닝

Fine Dining

홍콩을 미식의 천국이라는 말로 수식하곤 한다. 홍콩 요리의 근간이 되는 광동 요리를 중심으로 매운 음식의 대명사인 사천 요리, 황실의 전통 음식을 선보이는 북경 요리 등 지역적 특색이 강한 중국 대륙의 모든 요리를 맛볼 수 있는 곳이 홍콩이다. 또한 일찌감치 서양의 문물을 받아들인 홍콩은 이탈리아, 프랑스, 영국, 미국, 호주 같은 웨스턴 레스토랑이 중식 레스토랑만큼이나 많이 자리잡고 있다. 아시아에서 일본에 이어 가장 많은 스타 셰프 레스토랑을 보유하고 있는 곳 또한 홍콩이다. 알랭 뒤카스, 노부, 피에르 가니에르 같은 세계적인 스타 셰프의 근사한 요리를 맛보는 것은 단순한 식사의 개념을 뛰어넘어 미각의 판타지로 인도하는 소중한 경험이다. 다이닝의 가격이 부담스럽다면 파인 다이닝 레스토랑이나 스타 셰프 레스토랑에서 런치 세트 메뉴를 맛보는 것이 합리적이다.

차이나 클럽 The China Club

- **주　　　소** 13-15/F, Old Bank of China Building, Bank Street, Central
- **전화번호** 2521 8888
- **영업시간** 07:30-24:00

내가 본 홍콩은 상하이에 비해 빈부의 차가 큰 도시는 아니다. 일반인의 생활 수준이나 교육 정도, 영어 구사 능력 등은 여느 코즈모폴리탄 도시에 뒤질 것이 없다. 그래서인지 홍콩의 부호들이나 셀러브리티들은 그들만이 특별하게 누릴 수 있는 특권을 원했고 '멤버십 온리 Membership Only'라는 전용 공간을 따로 만들었다. 홍콩에는 다양한 형태의 멤버십 전용이 있는데, 레스토랑, 바, 클럽 등이 그 범주에 포함된다. 싱가포르에서 시작한 멤버십 레스토랑인 차이나 클럽도 그중 하나다. 여행객 입장에서 멤버십에 특별하게 가입할 필요는 없지만 이 레스토랑을 예약하기 위해서는 적어도 5성급 호텔의 투숙객이거나 아메리칸 익스프레스 카드의 플래티넘 회원이어야 한다. 그 까다로운 조건에도 내가 5성급 호텔에 묵을 때면 항상 컨시어지에 차이나 클럽의 예약을 부탁하는 것은 단순한 호기심이나 우월감 때문은 아니다. 1920년대 상하이를 연상케 하는 고풍스러운 인테리어도 마음에 쏙 들지만 이곳에서 내는 전

올드 차이나의 분위기가 물씬 풍기는 차이나 클럽은 오래된 멤버십 레스토랑 중 으뜸으로 꼽힌다. 세월의 향수가 묻어나는 콜로니얼 스타일의 차이나 클럽에 앉아 전통 상하이 요리를 먹으면 마치 영화 〈색계〉의 귀부인들의 저녁식사가 연상된다.

통 상하이 요리 또한 그 까다로움만큼이나 높은 수준이다. 특히 가을철에만 맛볼 수 있는 털게 요리Hairy Crab는 상하이 여행에서 맛보았던 것보다 훨씬 만족스러운 경험이었다. 멤버십 레스토랑임에도 불구하고 점심, 저녁 항상 만석이니, 5성급 호텔에 머물 예정이라면 반드시 이 레스토랑도 함께 체크해야 할 것이다.

마릴린 먼로는 다이아몬드를 여성의 가장 친한 친구라고 했다. 그 아름다운 다이아몬드를 가장 세련된 디자인으로 빛나게 하는 다미아니에서 운영하는 디.다이아몬드의 음식들은 마치 다이아몬드처럼 반짝반짝 빛이 난다.

디. 다이아몬드 D. Diamond

- 주   소 R001 Civic Square, Elements, 1 Austin Road West, T.S.T., Kowloon
- 전화번호 2196 8126
- 영업시간 12:00 -14:30, 18:00-22:30
- 홈페이지 www.ddiamond.com.hk

조르지오 아르마니가 밀라노의 패션 하우스에 레스토랑을 오픈한 이래 디자이너들의 영역이 패션뿐 아니라 레스토랑, 인테리어, 호텔 등으로 점점 확대되어 가고 있다. 홍콩에도 이미 디자이너의 손길이 닿은 여러 외식 공간이 있는데, 가장 대표적인 것이 차터하우스Chater House의 아르마니 바와 코즈웨이 베이의 아녜스베 르 팽 그릴이다. 가장 최근에 생긴 쇼핑몰인 엘리먼츠에 위치한 디. 다이아몬드는 특이하게 주얼리 브랜드 다미아니에서 오픈한 레스토랑이다. 이탈리아 하이엔드 주얼리인 다미아니Damiani는 브래드 피트가 제니퍼 애니스톤을 사귈 당시 제니퍼를 위해 디자인한 반지로 인기를 끌었던 브랜드이기도 하다. 『Escape』, 『Beat』 매거진의 발행인이자 란콰이펑 클럽 'Club 96'의 오너이기도 한 젊은 사업가가 주인으로, 다미아니와의 코퍼레이션을 통해 디. 다이아몬드를 오픈했다. 레스토랑의 컨셉트는 일식이 가미된 이탈리안으로, 우리나라에서 코가게Kokage 헤드 셰프로 일했던 일본인 셰프가 직접 요리를 한다. 레스토랑 내부에는 다미아니의 쥬얼리들이 디스플레이되어 있어 더욱 특별한 빛을 더한다.

할란스 Halarn's

- **주　　소** Shop 2075, Podium Level 2, Two IFC, 8 Finance Street, Central
- **전화번호** 2805 0566
- **영업시간** 11:30-14:30, 18:30-22:30
- **홈페이지** www.harlans.com.hk

넬슨 추이Nelson Chui가 이그지큐티브 셰프로 있는 할란스는 홍콩의 수많은 파인 다이닝 레스토랑 중에서도 열 손가락 안에 꼽히는 레스토랑 중 하나다. 15살부터 요리를 시작한 넬슨은 이미 27살에 애버딘 마리나 클럽의 헤드 셰프가 되었고, 이탈리아와 프랑스의 미슐랭 스타 레스토랑과 싱가포르 등지에서 경력을 쌓았다. 2004년, 할란스의 오픈과 함께 합류한 그는 할란스를 한 단계 더 성숙한 레스토랑으로 업그레이드시켰다. 할란스의 컨셉트는 넬슨의 창의적인 아이디어가 가미된 웨스턴 퀴진. 이곳의 메뉴는 시즌에 따라 바뀌지만, 할란스를 대표하는 시그니처는 꾸준히 이어진다. 가장 유명한 메뉴는 '매직 머쉬룸 카푸치노Magic Mushroom Cappuccino'와 와규 스테이크다. 마치 일반 카푸치노처럼 보이는 '매직 머쉬룸 카푸치노Magic Mushroom Cappuccino'는 입 안 가득 퍼지는 진한 버섯 향이 일품이다. 일명 'Mama's Receipe'로 만든다는 와규 스테이크는 말 그대로 입에서 살살 녹는다. 할란스 버거Harlan's Buger도 꾸준히 사랑받는 메뉴이고, 생강과 초콜릿, 캐러멜 미니어처로 장식된 크렘 뷔릴레도 놓쳐선 안될 메뉴다. 스타터, 메인, 디저트로 이뤄진 코스 메뉴가 HKD600 선에서 시작한다.

하루가 멀다 하고 생겼다 없어지기를 반복하는 홍콩 레스토랑 업계에서 꾸준한 인기를 얻으며 한자리를 지키고 있다는 것은 그만큼 맛에 대한 보장이 확실하다는 증거다. 특히 트러플 향이 짙게 퍼지는 머쉬룸 카푸치노는 할란스에서 반드시 맛봐야 할 메뉴.

홍콩에서 가장 전망 좋은 레스토랑은 단연 아쿠아와 후통이다. 앤티크 가구로 장식한 실내 인테리어는 무척이나 이색적인 분위기를 연출한다. 매운 고추와 닭 튀김을 섞어 낸 사천식 닭 요리, 새우와 샐러리를 함께 볶아낸 볶음 요리가 시그니처 디쉬다.

후통 (胡同) Hu Tong

- ● 주　　소 28/F, 1 Peking Road, T.S.T.
- ● 전화번호 3428 8342
- ● 영업시간 12:00-15:00, 18:00-24:00
- ● 홈페이지 www.hutong.com.hk

홍콩에 사는 사람에게 전망 좋은 차이니즈 레스토랑을 추천해 달라고 하면 열에 아홉은 후통을 언급할 것이다. 내 관점에서 카우룽 반도에서 홍콩섬을 바라보는 야경을 제대로 감상할 수 있는 레스토랑은 인터컨티넨탈 호텔과 쉐라톤 호텔의 몇 레스토랑, 그리고 페킹원 빌딩의 아쿠아와 후통이다. 후통은 이 전망 좋은 레스토랑 중 유일한 차이니즈 레스토랑으로, 내부 또한 청나라 시대를 그대로 옮겨놓은 듯한 고가구들로 꾸며져 있다. 후통은 중국의 수도인 베이징 성내를 중심으로 산재해 있는 좁은 골목을 뜻하는 말. 하지만 후통 레스토랑은 베이징 요리뿐 아니라 중국의 다양한 지역 요리를 선보이고 있다. 이곳의 시그니처 메뉴는 사천식 닭 요리. 한 번 튀겨낸 닭고기를 마른 고추와 함께 볶아내어 매콤한 향이 닭고기 속에 잘 배어 있다. 생선이나 새우 등 해산물을 이용한 요리들이 전체적으로 평이 좋다. 요리를 테이블로 직접 가지고 와 프레젠테이션을 해주는 퍼포먼스가 뛰어나서, 요리를 맛보기 전에 기대감을 높인다. 식사 후에 위층의 아쿠아 바Aqua Spirit에서 칵테일 한잔 하는 것도 좋은 코스다.

크루그 룸 Krug Room

● 주　　소 **Mandarin Oriental, 5 Connaught Road, Central**
● 전화번호 **2825 4014**
● 영업시간 **19:30-24:00**
● 홈페이지 **www.mandarinoriental.com/hongkong**

샴페인은 특별하다. 아니, 특별하지 않은 식사라도 샴페인이 곁들여지면 분위기가 달라진다. 샴페인이 흔해진 요즘, 식사 전 아페리티프로 샴페인 한잔 하는 게 더 이상 호들갑스런 제스처는 아니지만 크루그라면 또 얘기가 다르다. 샴페인의 황제라 불리는 크루그는 그 희소성만큼이나 특별하고 애틋하다. 이 크루그를 정해진 시간에 양껏 마실 수 있는 곳이 있다면? 샴페인 마니아라면, 특히 크루그의 파워풀하고 향기로운 밸런스에 취하고 싶다면 놓치지 말아야 할 곳이 바로 크루그 룸이다. 크루그 룸은 만다린 그릴 레스토랑의 키친 옆에 위치한 히든 플레이스다. 이곳의 메인은 요리가 아니라 크루그이기 때문에, 요리는 크루그와 잘 매치되는 것으로만 선별된다. 아뮤즈 부쉬와 애피타이저, 메인 요리, 디저트로 구성되는 코스만 제공되며 모든 요리에는 크루그가 무제한으로 곁들여진다. 모든 요리는 여느 파인 다이닝 레스토랑의 수준에 뒤지지 않지만 크루그의 위용에 다소 빛이 바랜다. 일반적으로 크루그 그랑 퀴베Grand Cuvée가 제공되지만, 요리에 따라 원하는 빈티지로 매치할 수 있다. 물론 가격은 빈티지에 따라 차곡차곡 높아진다.

프리미엄 샴페인 크루그를 양껏 마실 수 있다는 것 하나만으로 충분한 가치가 있는 크루그 룸. 음식은 크루그를 더욱 돋보이게 만드는 조연 역할을 하지만, 결코 그 수준이 빈약하진 않다.

Amuse Bouche
Tartare of Wild Smoked Salmon
Salmon Roe, Capers, Parsley Infusion
Krug Grande Cuvée

Tempura of Yellow Fin Tuna
Truffled Green Papaya, Yuzu Dressing
Krug Vintage 1995

Roast Capulin Longes Pork Loin
Braised Purple Cabbage, Cinnamon Apple Jus
Krug Vintage 1995

Poached Hayden Mango
Pistachio Yogurt, Rum Parfait

Arabica Coffee
Herbal and Aromatic Tea
Mignardise

메구 Megu

- **주   소** R002-003 Elements, 1 Austin Road West, T.S.T., Kowloon
- **전화번호** 3743 1421
- **영업시간** 12:00-15:00, 18:00-23:00
- **홈페이지** www.megunyc.com

서양인들의 일본에 대한 호기심과 경외심은 꾸준하다. 특히 미국에는 일본 음식이 웰빙 푸드로 각광받기 시작해 수십 년이 지난 현재까지도 여전히 뜨거운 사랑을 받고 있다. 트렌드의 중심이라 할 수 있는 뉴욕에는 세계 각국을 대표하는 레스토랑들이 넘쳐난다. 뉴욕 데일리 뉴스New York Daily News에서 '뉴욕에서 가장 멋진 레스토랑' 중 하나로 평가받은 메구는 'Kimono Chic'라는 신조어를 만들며 뉴욕 레스토랑계에 큰 반향을 일으켰다. 2007년 엘리먼츠 몰의 오픈과 함께 선보인 메구 홍콩은 메구 뉴욕의 명성만큼은 못하다는 평가를 받는다. 이미 자리를 잡은 노부나 주마, 이나기꾸 등 기존 일식 레스토랑의 텃세도 있었고, 엘리먼츠 몰이 센트럴이나 여타 호텔에 비해 접근성이 떨어지기도 했기 때문. 메뉴는 뉴욕과 크게 다르지 않고, 복층으로 된 인테리어는 뉴욕의 그것과 흡사하지만 조금 더 밝고 여성스럽다. 주마와 곧잘 비교가 되는데, 메구는 재료 본연의 맛에 더 초점을 두고, 주마는 프레젠테이션이나 글로벌하게 변형된 맛을 추구한다는 점이 다르다. 개인적으로 HKD300 선의 런치 세트 메뉴가 가격대비 만족도가 높았다. 저녁식사로 양껏 먹는다면 1인당 HKD1,000 정도는 예상해야 한다. 전화 또는 온라인www.opentable.com을 통해 예약할 수 있다.

뉴욕의 레스토랑을 이끄는 메구의
홍콩 분점이다. 싱싱한 사시미와 게
살, 연어알을 올린 스시, 소고기 스
튜 등이 한 상에 차려지는 삿포로 스
페셜이 가장 인기 있는 메뉴다. 프
레젠테이션보다는 재료 자체의 맛을
살린 심플함이 돋보인다.

노부 Nobu

- 주　　소 L/2, Intercontinental Hong Kong, 18 Salisbury Road, T.S.T.
- 전화번호 2313 2323
- 영업시간 12:00-14:30, 18:00-23:00
- 홈페이지 www.hongkong-ic.intercontinental.com

2006년 홍콩에 입성한 노부는 뉴욕, 런던, 마이애미, 밀라노 등에 이은 노부의 스무 번째 레스토랑이다. 노부 마츠히사Nobu Matsuhisa는 일식의 세계화를 성공시킨 슈퍼 셰프이자, 세계적인 레스토랑의 경영자이며, 요리책의 베스트셀러 작가이기도 하다. 젊은 시절 페루의 레스토랑에서 경험을 쌓은 노부는, 일식에 남미를 비롯한 다양한 양식 코드를 접목시켜 낯선 아시아 음식에 대한 거부감을 없애며 서양인들의 입맛을 사로잡았다. 노부 홍콩은 세계에 퍼져

있는 다른 노부 레스토랑과 크게 다르지 않다. 제철 재료를 사용해 신선함을 유지하고 일본인 특유의 아기자기한 디스플레이로 어필한다. 이곳의 메뉴는 점심과 저녁이 크게 다르지 않으므로, 저렴하게 즐기려면 점심에 방문하는 편이 낫다. 런치 타임에는 '노부 벤토 박스Nobu Bento Box'와 다이닝 코스의 약식 버전인 '런치 오마카제Lunch Omakase'가 있어 노부의 시그니처 디쉬들을 합리적인 가격에 만날 수 있다. 노부 마츠히사의 야심작을 모두 모은 오마카제는 마츠히사 드레싱을 곁들인 사시미 샐러드와 메로 구이, 튀김, 스시 등 다양한 일본 요리를 코스로 맛볼 수 있는 파인 다이닝 코스로, 사케를 베이스로 한 칵테일이나 노부 브랜드 사케를 매치하면 완벽한 하모니를 이룬다.

일본 출신의 가장 유명한 요리사로 추앙 받는 노부 마츠히사가 홍콩에 오픈한 노부. 시그니처 디쉬로는 유자와 식초 등을 넣어 만든 새콤한 마츠히사 소스를 곁들인 노부 스페셜 샐러드가 꼽히며, 점심 시간에만 제공되는 일본 도시락도 인기가 높다.

피에르 Pierre

- **주　　소** 25/F, Mandarin Oriental Hong Kong, 5 Connaught Road, Central
- **전화번호** 2522 0111
- **영업시간** 12:00-15:00, 19:00-24:00
- **홈페이지** www.mandarinoriental.com/hongkong

우리나라에 처음으로 상륙한 스타 셰프 레스토랑이기도 한 피에르가 홍콩에 오픈한 것은 2006년이다. 2000년대 중반은 홍콩의 경기가 한창 좋을 때여서 인터컨티넨탈 호텔의 노부Nobu, 스푼 바이 알랭 뒤카스Spoon by Alain Ducasse, 라틀리에 조엘 드 로부숑L'Atelier Joel de Robouchon 등이 앞다퉈 홍콩에 문을 연 시기다. 이러한 스타 셰프 레스토랑 중 가장 늦게 선보인 피에르는 기존 레스토랑의 아성을 위협할 만큼 혁명적이고 센세이셔널한 등장으로 주목받았다. 피에르 가니에르는 '요리계의 마티스', '요리계의 시인'이라 불릴 만큼 드라마틱한 프레젠테이션을 선보이는 스타 셰프로, 피에르 레스토랑은 파리, 런던, 도쿄에 이은 네 번째 작품이다. 레스토랑 입구에 들어서면 빅토리아 하버를 바라보는 아름다운 뷰가 먼저 눈에 들어온다. 크리스털 샹들리에와 블랙 대리석으로 치장한 인테리어는 지나치게 고압적이지 않으며, 스태프들의 경쾌한 움직임도 세련된 인상을 준다. 'Chef's Tasting Menu (HKD1,588)'는 피에르 가니에르가 엄선한 요리를 코스로 즐길 수 있는 시그니처 메뉴로, 같은 재료를 두 번 반복해서 사용하지 않을 정도로 그 창작성이 뛰어나다. 블랙 수트를 근사하게 차려 입은 소믈리에가 권하는 와인과 함께, 요리와 와인의 환상적인 마리아주를 경험할 수 있다.

요리계의 피카소라 불리는 피에르 가니에르가 오거나이즈한 피에르는 분자 요리라는 새로운 방식으로 프렌치 퀴진을 풀어낸 크리에이티브한 아우라가 느껴지는 곳. 피에르의 특별함에 빠져보고 싶다면 셰프 테이스팅 메뉴가 가장 확실한 선택이 될 것이다.

세바 SEVVA

- **주　　소** 25/F, Prince's Building, 10 Chater Road, Central
- **전화번호** 2537 2338
- **영업시간** 12:00-14:30, 14:30-18:00(High Tea), 18:00-24:00(Closed Sun)
- **홈페이지** www.sevvahk.com

나는 아직도 세바를 처음 찾았을 때의 기분 좋은 떨림이 잊혀지지 않는다. 2년 전 봄이었던 걸로 기억된다. 홍콩 여행을 계획하고, 여느 때처럼 새로 오픈한 레스토랑을 서치하던 중 발견한 세바는 이미 홍콩 친구들도 그 진가를 인정한 가장 핫한 곳이었다. 처음 세바를 방문했을 때, 정말 홍콩의 잘나가는 사교계에 입성한 것 마냥 들떴던 게 생각난다. 식사를 하기 전 바에서 아페리티프를 한잔 하고, 하버 사이드에 앉아 근사한 다이닝을 마친 뒤, 테라스에서 심포니 오브 라이츠의 주인공들이 이뤄내는 레이저 쇼를 배경으로 칵테일을 마시는 코스가 이어졌다. 마침 테라스에는 생일을 맞은 테이블이 있었는데, 주인공과 게스트들의 인물이나 옷차림은 마치 연예인이나 셀러브리티쯤 되는 듯 화려한 광채가 났다. 사실 세바는 음식으로만 치자면 파인 다이닝 레스토랑의 범주에 들 만큼 훌륭한 솜씨는 아니다. 하지만 훌륭한 레스토랑의 기준이 단순히 '맛'만을 평가하는 것은 아니기에, 분위기, 맛, 서비스 등을 합산해 파인 다이닝 레스토랑에 넣었다. 식사가 부담스럽다면 테라스 바에서 칵테일 한잔을 해도 좋고 낮 시간의 애프터눈 티를 즐겨도 좋다.

내게 홍콩에서 가장 글래머러스하고 섹시한 레스토랑을 꼽으라면 두말할 것도 없이 세바를 꼽을 것이다. 유러피언 퀴진을 표방하는 세바는, 음식 자체가 뛰어난 건 아니지만 분위기나 수질로 모든 것이 상쇄될 만큼 매력적인 곳이다.

세계적인 스타 셰프인 알랭 뒤카스가 오
거나이즈한 프렌치 레스토랑인 스푼은 현
대적인 터치가 가미된 누벨 퀴진을 맛볼
수 있는 곳이다.

스푼 바이 알랭 뒤카스 Spoon by Alain Ducasse

- **주　　소** L/L, Intercontinental Hong Kong, 18 Salisbury Road, T.S.T.
- **전화번호** 2313 2256
- **영업시간** 12:00-14:30(Sun Only), 18:00-23:00
- **홈페이지** www.hongkong-ic.intercontinental.com

2004년 파리 출장에서 묵었던 플라자 아테네 호텔은 지금도 내 생애 최고의 호텔로 기억된다. 빨간 제라늄이 늘어선 테라스와 고풍스럽지만 절대 지루하지 않은 우아한 인테리어는 물론, 부티크 호텔 같은 아기자기함과 친절함을 두루 갖춘 파리 최고의 호텔 중 하나다. 이 호텔은 〈섹스앤더시티Sex and the City〉의 마지막 시리즈에서 캐리가 러시아 남자친구 알렉산드로 페트로브스키를 따라 파리에서 머물던 곳이기도 하다. 이 호텔이 더욱 특별했던 것은 프랑스뿐 아니라 전세계적으로 손꼽히는 요리사인 알랭 뒤카스의 스리스타 레스토랑에서 경험했던, 근사한 디너 때문이다. 그리고 3년 뒤, 홍콩에서 알랭 뒤카스의 또 다른 레스토랑을 조우하게 되었다. 스푼 바이 알랭 뒤카스(이하 스푼)는 2006년 홍콩에 최초로 문을 연 스타 셰프 레스토랑이다. 천장에 장식된 5,500개의 스푼은 이탈리아 베네치아에서 공수해온 핸드 메이드 무라노 글라스로 이 레스토랑의 상징이다. 음식, 데코, 서비스가 조화를 이룬 'Total Concept'라는 시스템을 적용한 스푼은 재료와 조리법의 믹스 매치를 통한 프렌치 퀴진을 선보인다. 알랭 뒤카스의 오리지널리티를 경험할 수 있는 스푼 익스피리언스Spoon Experience는 다섯 가지 또는 여섯 가지 코스 중 선택할 수 있으며, 각각의 가격은 HKD888와 HKD988이다. 초콜릿 마니아라면 디저트 섹션의 '올 초콜릿All Chocolate'을 놓치지 말 것.

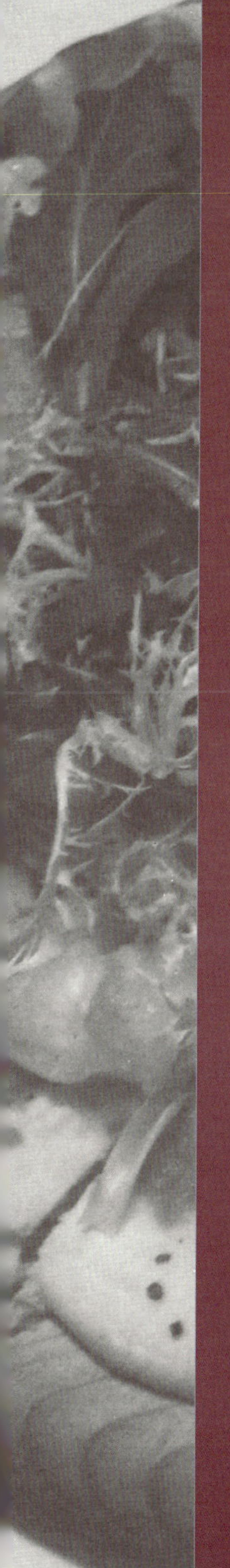

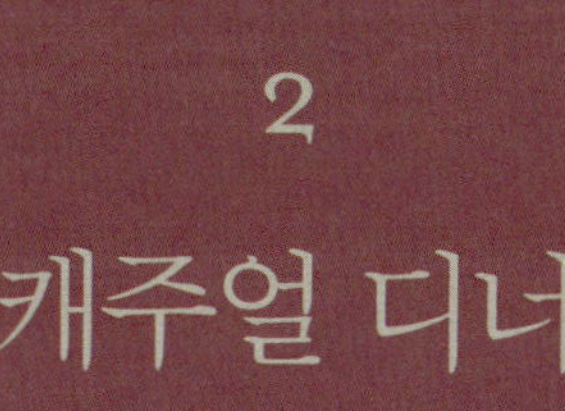

2

캐주얼 디너

Casual Dinner

홍콩의 저녁식사는 프랑스만큼이나 느지막하고 여유롭다. 우리에겐 일반적인 저녁 시간인 6~7시쯤 식당엘 가면 관광객들이나 가족 동반 테이블인 경우가 대부분이다. 홍콩 사람들이 디너 약속을 잡는 시간은 보통 8시가 기준이다. 그래서인지 란콰이펑이나 소호의 트렌디한 레스토랑에는 식사를 하기 전 가벼운 수다와 함께 아페리티프를 즐길 수 있는 바가 레스토랑 한 켠에 마련되어 있다. 이런 캐주얼한 레스토랑의 드레스 코드는 'Smart&Casual'. 파인 다이닝 레스토랑보다는 가벼운 차림이지만 역시나 반바지나 슬리퍼 차림은 곤란하다.

셰 무아 Chez Moi

- 주　　소 **G/F, 10 Arbuthnot Road, Central**
- 전화번호 **2801 6768**
- 영업시간 **12:00-14:00, 18:30-22:00(Mon-Sat)**

2008년에 리뉴얼 오픈한 셰 무아는 본래 프렌치 레스토랑이었다. 수 년간 썩 괜찮은 프렌치 레스토랑으로 인정받다가 새로운 자리로 이사를 하면서 현대적인 유러피언 퀴진 레스토랑으로 변모했다. 새로 바뀐 레스토랑의 내부는 마치 타이타닉 호 내부의 작은 식당 같은 분위기다. 밖을 내다볼 수 있는 둥근 원형의 창문과 천장에서부터 내려와 있는 파이프 형태의 조명과 마치 갑판처럼 느껴지는 나무 바닥, 그리고 푸른 바다를 연상케 하는 에메랄드 빛의 린넨 커버 등. 메뉴는 예전보다 한층 경쾌해졌다. 유럽의 다양한 컨셉트를 자유롭게 믹스매치한 아이디어와 함께 프레젠테이션 또한 감각적으로 변신했다. 수프와 리조토, 샐러드 중에서 하나를 고르고, 생선, 오리, 소고기 중에서 메인을 선택한 뒤 디저트로 이어지는 디너 코스요리가 HKD500 선이다. 처음 리오픈했을 때보다는 한가해져서 굳이 예약이 필요하진 않지만 주말에 방문한다면 미리 예약하는 것이 좋다.

마치 선박을 개조한 듯한 이색적인 분위기가 돋보이는
셰 무아는 프랑스어로 '나의 집'이라는 뜻으로, 프랑스
가정식 요리를 제대로 대접받는 듯한 편안함과 내공이
느껴지는 곳이다. 스테이크와 마리네이드한 장어 요리
가 맛있다.

레이 가든 Lei Garden

- **주　　소** Shop 3008-3011, Level 3, IFC Mall, 1 Harbour View Street, Central
- **전화번호** 2295 0238
- **영업시간** 11:30-15:00, 18:00-23:30
- **홈페이지** www.leigarden.com.hk

우리나라에서 프랜차이즈 레스토랑은 패스트푸드점이나 배달 음식점에 한정되는 경우가 많지만, 외식 사업이 발달한 홍콩에서는 매우 다양한 분야의 프랜차이즈 레스토랑이 성행한다. 외식이 일상적인 홍콩 사람들의 입맛을 맞추지 못한다면 그 식당은 자연스럽게 종적을 감추고 만다. 레이 가든은 홍콩에서도 알아주는, 잘나가는 프랜차이즈 레스토랑 중 하나다. 센트럴과 침사추이, 완차이를 포함한 총 10개 지점을 보유하고 있고 어느 지점 할 것 없이 문전성시다. 심플하고 담백한 광동 요리를 컨셉트로 한 레이 가든은 특히 신선한 해산물 요리가 유명하다. 큼지막한 가루파를 쪄서 파채를 듬뿍 얹은 다음 생강 향이 나는 간장 소스를 끼얹은 요리와 새우와 샐러리를 볶아 샐러리 향이 은은하게 나는 요리가 인기 메뉴. 겉은 바삭하게 속은 촉촉하게 조리한 크리스피 포크 밸리Crispy Pork Belly도 레이 가든을 대표하는 메뉴 중 하나다.

전형적인 체인 레스토랑이지만 맛만큼은 지루하지 않은
제대로 된 광동 요리를 낸다. 그날그날 시장에서 들여온
싱싱한 해산물로 만든 요리가 특히 인기가 좋으며, 와인
가격도 착한 편이다.

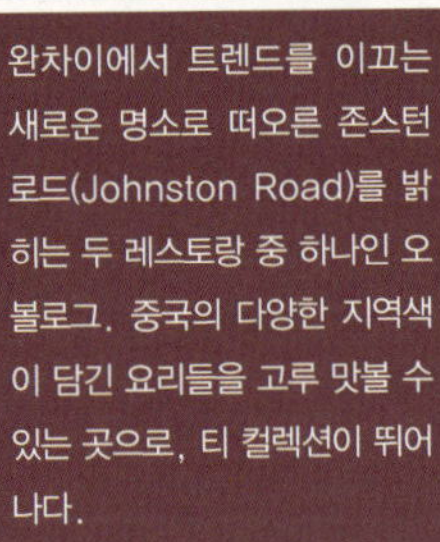

완차이에서 트렌드를 이끄는 새로운 명소로 떠오른 존스턴 로드(Johnston Road)를 밝히는 두 레스토랑 중 하나인 오 볼로그. 중국의 다양한 지역색이 담긴 요리들을 고루 맛볼 수 있는 곳으로, 티 컬렉션이 뛰어나다.

오볼로그 Ovologue

- 주　　소 G/F, 66 Johnston Road, Wan Chai
- 전화번호 2527 6088
- 영업시간 11:30-15:00(-16:30 Sat, Sun), 18:30-23:30
- 홈페이지 www.ovologue.com.hk

완차이가 새로운 핫 플레이스로 떠오르게 된 건 스타 스트리트의 약진과 보 이노베이션, 오볼로그, 포운의 활약이 컸다. 특히 오래된 전당포 건물을 개조한 건물의 1층에는 오볼로그가, 2층에는 포운이 자리잡고 있어서 그 상징성에도 상당한 가치가 있다. 오볼로그는 홍콩의 부호들이 즐겨 찾는 토털 인테리어 숍인 오보Ovo에서 운영하는 차이니즈 레스토랑이다. 전통 중국식으로 꾸민 레스토랑 내부는 오보의 감각적인 소품들이 적재적소에 어울리는 모습으로 배치되어 있다. 오볼로그의 대표 메뉴는 다양한 딤섬과 새롭게 재해석된 뉴 차이니즈 퀴진. 트러플 오일을 더한 전복 요리와 베지테리언을 위한 샥스핀이 시그니처 디쉬다. 주말에는 7가지 딤섬과 치킨, 가지 요리, 디저트로 이어지는 프리미엄 브런치HKD288로 인기를 모으고 있다. 이 브런치가 부담스럽다면 냉채와 4가지 딤섬, 디저트로 구성된 딤섬 애프터눈 티 세트HKD168가 적당하다. 두 세트 모두 주말과 공휴일에만 제공되며 2인 이상 주문이 가능하다.

로카 Roka

- 주　　소　L/G, Shop2, Pacific Place, 88 Queensway, Admiralty
- 전화번호 3960 5988
- 영업시간 11:30-23:30
- 홈페이지 www.rokarestaurant.com

로카는 랜드 마크에 위치한 재패니즈 레스토랑인 주마Zuma의 자매 레스토랑. 주마보다 좀더 캐주얼한 컨셉트의 이자카야를 표방하지만, 사실 쇼핑몰 내에 위치하고 있어 편안한 이자카야 재목은 못 되는 듯하다. 주마와 로카의 총주방장이 일본인이나 아시아인이 아니라 서양인이라는 사실도 아이러니하다. 하지만 뭐 어떤가. 전통 일식이 아닌 다음에야 서양인의 손으로 완성된 현대식 일본 요리가 글로벌한 도시인 홍콩에서 어필할 이유는 충분하다. 주마와 로카가 같은 계열이고, 비슷하게도 쇼핑몰 내에 위치하고는 있지만 그 성격과 입지는 전혀 다르

다. 주마가 럭셔리함의 상징인 랜드마크에 위치해 있다는 점이나, 로카가 중상급 쇼핑몰인 퍼시픽 플레이스에 위치해 있다는 것만으로도 그 존재 가치는 확연히 드러난다. 둘의 차이는 쇼핑몰 수준의 차이, 딱 그만큼이다. 그렇다고 로카가 그저 그런 평범한 재패니즈 레스토랑이냐, 그건 또 아니다. 컨셉트만 다를 뿐, 로카는 오히려 주마보다 더 다양하고 새로운 시각으로 일본 요리를 재구성한다. 일본 요리에 웨스턴 터치가 50% 정도 가미된, 그래서 서양인에게는 더 접근하기 쉽고 재미난 경험일지도 모르겠다. 주마보다 다소 어깨 힘을 뺀 듯 편안한 분위기도 로카에 더 자주 갈 이유가 된다.

랜드마크에 위치한 재패니즈 레스토랑인 주마의 자매 레스토랑인 로카. 사시미, 튀김, 스시 등의 전통 일본 요리를 로카만의 터치로 새롭게 탄생시켰다. 특히 그릴에 구워내는 음식들이 맛있다.

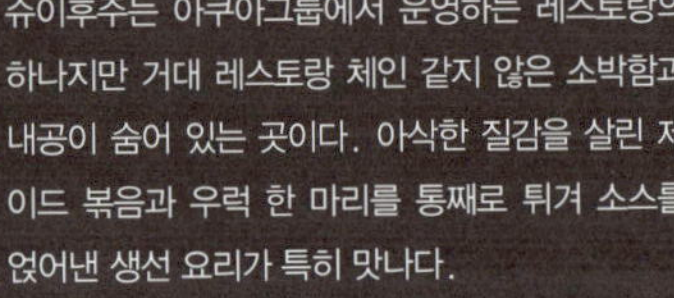

슈이후주는 아쿠아그룹에서 운영하는 레스토랑의
하나지만 거대 레스토랑 체인 같지 않은 소박함과
내공이 숨어 있는 곳이다. 아삭한 질감을 살린 제
이드 볶음과 우럭 한 마리를 통째로 튀겨 소스를
얹어낸 생선 요리가 특히 맛나다.

슈이후주 Shui Hu Ju

- **주　　소** G/F, 68 Peel Street, Central
- **전화번호** 2869 6927
- **영업시간** 18:00-24:00
- **홈페이지** www.aqua.com.hk

나에게 소호는 특별하다. 뉴욕의 소호처럼 화려하진 않아도 홍콩의 소호는 그 나름대로의 멋과 운치가 있다. 그런 소호에 숨은 진주 같은 레스토랑이 바로 슈이후주다. 좁은 언덕길을 한참 올라야 마주할 수 있는 슈이후주는 너무 조용하고 외져서 이곳이 과연 레스토랑인가 싶을 정도다. 홍콩 제일의 외식그룹인 아쿠아에서 운영하는 슈이후주는 아쿠아의 다른 레스토랑이 도심 한가운데나 쇼핑몰에 위치한 접근성을 따져봤을 때 조금 낮은 레벨인가 싶기도 했다. 하지만 아쿠아나 후통 같은 웅장함은 없지만 은근한 내공과 아우라가 있는 곳이다. 그래서 소호라는 이 위치가 가장 적절하게 어울리는 것일지도 모른다. 또 내가 이곳을 좋아하는 이유가 이런 작고 유니크한 공간을 선호하는 편협한 취향 때문인지도 모르겠다. 슈이후주는 사천식과 더불어 다양한 지역색의 중국 요리를 내는데, 중국 술의 향을 더하고 매콤하게 조리한 조개 요리와 오이를 곁들인 오리 요리, 그리고 생선과 양고기 요리가 특히 맛나다. 식사의 마무리로는 사천 고추로 만든 셔벗을 추천한다. 첫맛은 매콤하지만 끝맛은 새콤하고 달콤한, 이색적인 디저트다.

티보 Tivo

- ● 주　　소 G/F, 43-45 Wyndham Street, Lan Kwai Fong, Central
- ● 전화번호 2116 8055
- ● 영업시간 12:00-24:00(Sun-Thu), 12:00-Late(Fri-Sat)
- ● 홈페이지 www.aqua.com.hk

티보는 윈담 스트리트Wyndham Street의 전형적인 바&레스토랑이다. 파인 다이닝보다는 캐주얼한 이탈리안 펍 같은 느낌. 물론 인테리어나 수질은 시크하고 트렌디하다. 사실 이곳에는 식사를 목적으로 온 사람보다는 스탠딩 바에 서서 칵테일을 즐기는 아웃고잉 피플이 더 많다. LKF 호텔이 있는 윈담 스트리트에는 드래곤 아이나 프리베 같이 잘나가는 클럽뿐 아니라 꽤 괜찮은 레스토랑이 많다. 이 거리 레스토랑들의 특징은 대로변에 바를 두어 손님의 사교와 호객을 자유롭게 한다는 점이다. 티보도 이런 레스토랑 중 하나로 안쪽은 근사한 이탈리안 레스토랑이지만, 대로를 향한 바는 레스토랑 손님 또는 칵테일 손님을 위한 자유로운 공간으로 배치했다. 마치 밀라노의 시크한 바를 표방한 듯한 인테리어는 라이팅 하나까지도 섬세하게 신경 쓴 감각이 느껴진다. 이탈리안 레스토랑이라고는 하지만 격식 있고 불편한 분위기는 아니다. 파스타와 피자 또는 와인과 어울리는 플래터 위주로 구성된 메뉴는 식사 후 클러빙에 대한 전초전 같은 분위기다. 칵테일이나 식사, 어느 하나 빠지지 않는, 딱 란카이펑에 어울리는 트렌디하고 섹시한 레스토랑이다.

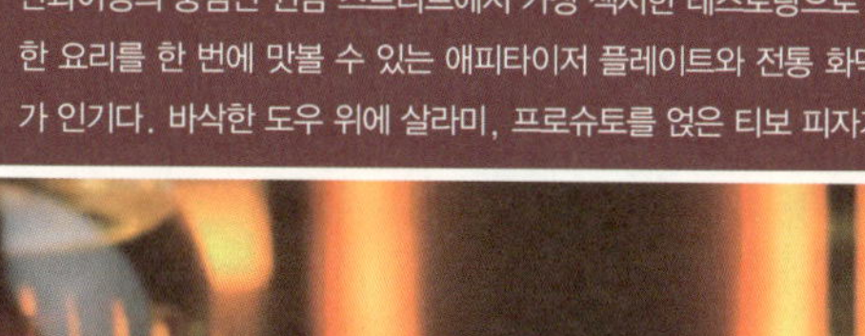

란콰이펑의 중심인 윈담 스트리트에서 가장 섹시한 레스토랑으로 이름난 티보. 다양한 요리를 한 번에 맛볼 수 있는 애피타이저 플레이트와 전통 화덕에서 구워낸 피자가 인기다. 바삭한 도우 위에 살라미, 프로슈토를 얹은 티보 피자가 인기 메뉴.

포운 The Pawn

● 주　　소 G/F, 62 Johnston Road, Wan Chai
● 전화번호 2866-3444
● 영업시간 Living Roon(1/F) 11:00-02:00(Mon-Sat), 11:00-24:00(Sun) Dining Room(2/F) 12:00-15:00, 18:00-24:00
● 홈페이지 www.thepawn.com.hk

영국 음식이 아무리 형편 없다고 평가받는다 하더라도, 영국의 오랜 지배를 받아온 홍콩에서 제대로 된 영국 레스토랑이 변변하지 않다는 것은 참으로 아이러니하다. 기껏해야 란콰이펑의 피클드 펠리컨Pickled Pelican이 그중 나은 잉글리시 레스토랑이었다고 할까. 그래서 포운의 등장은 더없이 반가울지도 모른다. 포운은 이름 그대로 예전의 전당포 건물이었던 자리를 개조해 만든 곳으로, 인쇄소였던 공간을 '프레스룸Press Room'이라는 레스토랑으로 오픈했던 오너의 재치가 돋보인다(포운과 프레스룸은 같은 오너가 운영한다). 포운은 영국의 대표 메뉴인 피시&칩스와 잉글리시 브랙퍼스트와 샌드위치, 브리티시 치즈 플레이트 등, 이름만으로도 영국식을 표방하는 메뉴들로 가득하다.

피시&칩스 말고도 이렇게 다양한 영국 전통 메뉴가 있다니, 놀라울 따름이다. 영국인과 결혼한 친구는 이곳에 와서 영국의 시댁에서 먹었던 메뉴들과 비슷하다며 반가워했으니, 일단 메뉴 구성에서는 합격점인 것 같다. 사실 런던 여행에서 잉글리시 메뉴라곤 피시&칩스밖에 몰랐던 내가 그 많은 펍과 레스토랑을 돌아다니며 피시&칩스 '맛 대 맛'만 하고 다녔으니 진정한 영국식 메뉴를 알 리가 없다. 실제 이곳은 홍콩에 거주하는 영국인들이 많이 찾는다. 1층은 가벼운 펍 분위기고 2층은 제대로 된 다이닝을 하는 레스토랑이다. 진짜 영국의 펍처럼 다양한 종류의 드래프트 비어를 갖추고 있으며, 홈메이드 타르타르 소스를 곁들인 제대로 된 피시&칩스를 맛볼 수 있다. 비록 테라스 밖 풍경이 완차이의 복잡한 거리 풍경이지만, 그런들 어떠랴. 기분만은 런던 피카딜리 한복판의 펍처럼 흥겨운걸!

영국의 클래식한 다이닝과 전형적인 펍 분위기
를 만끽할 수 있는 포운. 다양한 드래프트 비어
를 구비하고 있으며 제대로 된 피시앤칩스를 내
는 곳이다. 다이닝 레스토랑은 예약을 하는 것
이 좋다.

두 개 층에 걸쳐 웅장한 규모를 자랑하는 주마는 컨템퍼러리 재패니즈 퀴진을 컨셉트로 하는 곳이다. 조리법을 믹스 매치하고 화려한 프레젠테이션을 선보이는 아름다운 요리들로 정평이 나 있다.

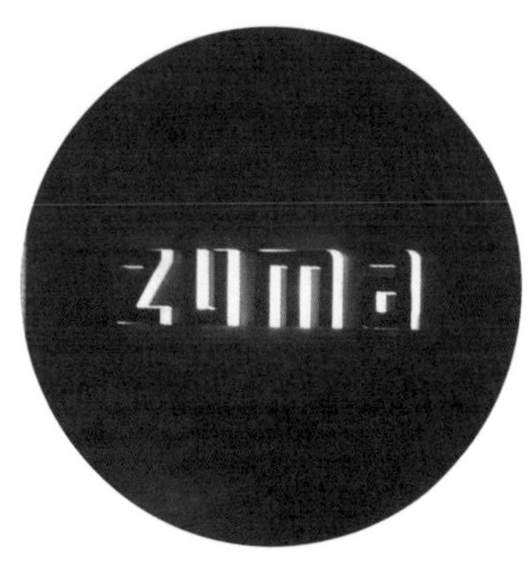

주마 Zuma

- **주　　소** L/5&6, The Landmark, 15 Queen's Road, Central
- **전화번호** 3657 6388
- **영업시간** 12:00-15:00, 18:00-23:00
- **홈페이지** www.zumarestaurant.com

홍콩에서 가장 럭셔리한 쇼핑몰로 꼽히는 랜드마크에, 그것도 두 개층에 걸쳐 운영되는 레스토랑이라면 그 자릿세나 이름값만으로도 어떤 레스토랑인지 대충 짐작할 수 있을 듯싶다. 주마는 딱 그런 곳이다. 트렌디하고, 엣지 있고, 그리고 비싼! 홍콩 여행에서 교통, 쇼핑, 여흥 모든 면에서 가장 좋았던 곳이 랜드마크 만다린 호텔이었던 것을 감안할 때, 이 레스토랑이 다른 카테고리와의 호환성이 얼마나 좋은지는 두말하면 잔소리다. 주마는 오픈할 때부터 지금까지, 그리고 앞으로도 꾸준히 트렌드의 중심에 안착할 수 있는 레스토랑이다. 재패니즈 레스토랑이지만 로카처럼 웨스턴 셰프가 지휘하는 주방이 만족스럽지 못할 수도 있다. 하지만 여기는 일본이 아니다. 90%의 입맛에 맞출 수 있다면 10%의 불만쯤은 감수할 수 있어야 하는 곳이 홍콩이다. 주마에서는 어떤 메뉴를 주문해도 불만족스럽지 않다. 신선한 재료를 이용한 원초적인 맛과 아기자기한 데커레이션은 정통 일본의 것과는 다르지만, '크리에이티브'에 초점을 둔다면 꽤 만족할 만한 수준이다. 물론 가격은 만족할 만한 수준이 아니겠지만.

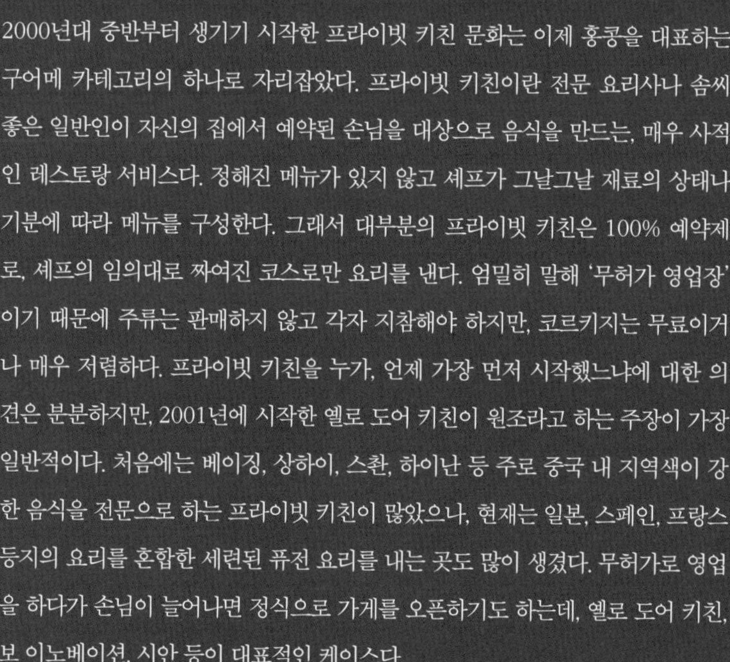

3

프라이빗 키친

Private Kitchen

2000년대 중반부터 생기기 시작한 프라이빗 키친 문화는 이제 홍콩을 대표하는 구어메 카테고리의 하나로 자리잡았다. 프라이빗 키친이란 전문 요리사나 솜씨 좋은 일반인이 자신의 집에서 예약된 손님을 대상으로 음식을 만드는, 매우 사적인 레스토랑 서비스다. 정해진 메뉴가 있지 않고 셰프가 그날그날 재료의 상태나 기분에 따라 메뉴를 구성한다. 그래서 대부분의 프라이빗 키친은 100% 예약제로, 셰프의 임의대로 짜여진 코스로만 요리를 낸다. 엄밀히 말해 '무허가 영업장'이기 때문에 주류는 판매하지 않고 각자 지참해야 하지만, 코르키지는 무료이거나 매우 저렴하다. 프라이빗 키친을 누가, 언제 가장 먼저 시작했느냐에 대한 의견은 분분하지만, 2001년에 시작한 옐로 도어 키친이 원조라고 하는 주장이 가장 일반적이다. 처음에는 베이징, 상하이, 스촨, 하이난 등 주로 중국 내 지역색이 강한 음식을 전문으로 하는 프라이빗 키친이 많았으나, 현재는 일본, 스페인, 프랑스 등지의 요리를 혼합한 세련된 퓨전 요리를 내는 곳도 많이 생겼다. 무허가로 영업을 하다가 손님이 늘어나면 정식으로 가게를 오픈하기도 하는데, 옐로 도어 키친, 보 이노베이션, 시안 등이 대표적인 케이스다.

다핑후오 Da Ping Huo

- 주　　소 B/F, 49 Hollywood Road, Central
- 전화번호 2559 1317
- 영업시간 18:30-23:30

노래하는 아내와 서빙하는 남편이 함께 운영하는 레스토랑이다. 할리우드 로드
의 외진 골목에 숨어 있는 이 레스토랑은 맛있게 매운 사천 요리를 전문으로 하
는 식당이다. 노래뿐 아니라 요리에도 일가견이 있는 아내는 집안 대대로 전해
내려오는 맛난 음식을 대접하고자 식당을 열었고, 남편은 기꺼이 손님을 맞으며
일을 돕는다. 애피타이저와 메인 요리, 식사로 이어지는 모든 요리에 사천 고추
가 들어가 처음부터 끝까지 입을 호호 불며 식사를 해야 하지만, 첫맛만 강렬할
뿐 우리나라 고추처럼 매운 잔향이 오래가지는 않는다. 식사를 마칠 때쯤이면
부엌의 안주인이 나와, 고운 아리아를 마지막 선물로 들려준다.

노래하는 안주인의 섬세한 손끝에서 완성된 가정식 사천 요리를 맛볼 수 있는 곳이다. 돼지고기와 닭고기, 야채 요리들이 아리아의 리듬을 타듯 유연하게 코스로 이어진다. 사천 요리를 경험해 보고 싶은 현지의 서양인들이 많이 찾는 곳.

눈물이 날 정도로 짜릿하게 매운 사천식 요리를 맛볼 수 있는 멈 차우스는 가정식 사천 요리의 대표적인 레스토랑이다. 하지만 우리나라의 은근한 매운 맛과는 달리 임팩트는 크지만 매운 맛이 길게 가지 않아 오히려 더 깔끔하게 느껴진다.

멈 차우스 Mum Chau's Sichuan Kitchen

- ● 주　　소 5/F Winner Bldg., 37 D'Aguilar Street, Central
- ● 전화번호 8108 8550
- ● 영업시간 18:30-23:00

주말의 명동 거리만큼이나 정신 없는 란콰이펑 한가운데 자리한 멈 차우스는, 과연 이런 곳에 식당이 있을까 싶을 정도로 의외의 장소에 자리잡고 있다. 가정 식 사천 요리의 대가인 차우 가(家)의 어머니 손맛으로 완성되는 멈 차우스의 요 리는 정신이 번쩍 들 정도로 매운 사천 요리를 낸다. 데커레이션이랄 게 전혀 없 는 가정집 분위기의 내부에는 20석 정도의 홀과 미니멈 8명 정도의 프라이빗 룸이 마련되어 있을 뿐이다. 이곳 또한 정해진 메뉴 없이 그날그날 재료의 상태 에 따라 짜여진 코스가 제공된다. 냉채부터 따뜻한 요리와 야채 등으로 구성된 코스는 식구들끼리 둘러앉아 먹는 푸짐한 식탁 그대로 소박한 접시에 양껏 담겨 나온다. 코르키지가 무료이니 사천 요리에 어울리는 와인을 지참하면 좋다.

옐로 도어 키친 Yellow Door Kitchen

- 주　　소 6/F, Cheung Hing Commercial Building, 37 Cochrane Street, Central
- 전화번호 2858 6555
- 영업시간 12:00-14:30(Mon-Fri), 18:30-23:00(Mon-Sat, Closed Sun)
- 홈페이지 www.yellowdoorkitchen.com.hk

홍콩 프라이빗 키친의 원조라고 불리는 옐로 도어 키친은 후발 주자인 다른 프라이빗 키친에 비해 그 명성이나 맛이 퇴색했다고도 평가받지만, 나에겐 여전히 가격 대비 아주 훌륭한 프라이빗 키친이다. 으리으리한 규모와 세련된 인테리어로 시선을 압도하는 여느 레스토랑과 달리 작지만 아담하고 포근한 분위기다. 테이블은 대여섯 개뿐이지만 그래서인지 더 아늑하고 정겹게 느껴진다. 이곳에서는 가정식 사천 요리와 상하이 요리를 맛볼 수 있다. 한식에 비유하면 밑반찬 개념인 애피타이저는 6가지의 절임류와 냉채류로 차려진다. 메인 요리는 닭고기, 소고기, 오리, 돼지고기 등을 사천식과 상하이식으로 조리한 요리로 이어진다. 매운 요리로 대표되는 사천식과 간장과 설탕을 사용한 상하이 요리가 적절한 순서로 배치된 구성 또한 훌륭하다. 8가지 애피타이저와 6가지 메인 요리, 딤섬 또는 국수와 디저트로 이어지는 모든 코스가 HKD298이고 부가세 10%도 붙지 않는다. 와인 리스트는 빈약한 편이어서 원하는 와인을 가져가는 것이 좋다.

홍콩 레스토랑 트렌드의 정점인 프라이빗 키친의 원조라 불리는 옐로 도어 키친. 매콤한 사천식 요리와 짭조름하고 달콤한 상하이 요리가 적절하게 조화를 이룬 코스 메뉴가 일품이다.

시안 (囍宴) Xi Yan

Xi Yan Private Dining
● 주　　소 3/F, 83 Wan Chai Road, Wanchai
● 전화번호 2575 6966
● 영업시간 12:00-15:00, 19:00-23:00
● 홈페이지 www.xiyan.com.hk/hk

Xi Yan Flavours
● 주　　소 Shop 1027, Elements, 1 Austin Road West, T.S.T.
● 전화번호 2628 3909
● 영업시간 11:30-23:00

Xi Yan Sweets
● 주　　소 Shop 1, G/F, 8 Wing Fung Street, Wan Chai
● 전화번호 2833 6299
● 영업시간 11:30-23:00

그래픽 디자이너 출신인 재키 유Jacky Yu는 홍콩에서 가장 주목받는 셰프 중 하나다. 디자이너로 일하면서 미식에 대한 열정을 포기할 수 없어 예술과 음식이 조화를 이루는 레스토랑을 완성하고자 시안을 오픈했다. 시안 프라이빗 다이닝은 매일 아침 시장에서 공수되는 신선한 제철 재료로 이뤄진다. 정해진 메뉴는 없고 그날그날 시장의 사정에 따라 메뉴가 구성되는데, 원하는 요리가 있으면 예약 시 상의할 수 있다. 시안의 컨셉트는 차이니즈를 베이스로, 싱가포르, 말레이시아, 타이 등의 아시안 터치가 가미된 퓨전 음식을 표방한다. 홍콩의 제이미 올리버Jamie Oliver라는 닉네임을 갖고 있는 재키는 프라이빗 키친에서 시작한 시안을 정식 레스토랑으로 오픈함은 물론, 시안 플레이버스Xi Yan Flavours와 시안 스위츠Xi Yan Sweets 같은 캐주얼한 레스토랑으로까지 그 영역을 확대했다. 플레이버스에서는 시안의 요리들을 단품으로 맛볼 수 있으며, 스위츠는 가벼운 식사와 함께 디저트를 맛볼 수 있는 레스토랑이다. 싱가포르에 오픈한 시안 프라이빗 다이닝Xi Yan Private Dining은 싱가포르 최초의 프라이빗 키친으로 2005년 오픈한 이래 꾸준한 마니아층을 형성하고 있다고.

보 이노베이션 Bo Innovation 

- **주　　　소** Shop 13, 2/F, J Residence, 60 Johnston Road, Wan Chai
- **영업시간** 12:00-15:00(Mon-Fri), 19:00-24:00(Mon-Sat)
- **홈페이지** www.boinnovation.com

옐로 도어 키친 이후 2000년대 중반에 들어서면서 프라이빗 키친 붐이 일어났는데, 그 중심에는 앨빈Alvin이 운영하는 보 이노베이션Bo Innovation이 있다. 내가 보 이노베이션을 처음 찾은 것은 2004년이었던 걸로 기억된다. 홍콩에 사는 친구가 가장 '핫'한 곳이라며 데려가준 레스토랑은, 처음 들어섰을 때는 여느 레스토랑과 별 다른 점을 찾아볼 수 없을 만큼 평범했지만 음식이 하나씩 서브되면서부터 나는 새로운 미식의 세계에 빠져들고 말았다. 마치 수를 놓은 듯 정교하고 개성 넘치는 프레젠테이션은 물론, 서양과 동양의 식재료와 조리법을 혼용해 만든 퓨전 요리임에도 불구하고 결코 가볍거나 경박하지 않았다. 당시에는 피에르 가니에르 같은 분자 요리를 들어본 적도 없었기 때문에 더 경이로웠을지도 모른다. 이후 일본의 가이세키 요리를 접목시킨 보 이노세키Bo Innoseki를 시도했다가, 현재는 완차이에 지금의 보 이노베이션으로 자리잡았다. 오랜 시간이 지났지만 셰프의 열정만큼 맛과 퀄리티는 똑같은 수준으로 업그레이드 되었다. 런던에서 태어나고 캐나다에서 자라 세계를 여행하며 다양한 경험을 한 앨빈은 재료의 특성과 요리의 미학을 제대로 컨트롤할 줄 아는 세계에서 몇 안 되는 셰프 중 하나임은 분명하다.

 # Get it

홍콩 여행에서는 넘고 넘치는 쇼핑 스폿의 동선을 짜는 것만으로도 가슴이 콩닥거려질 것이다. 환율이 다소 올라서 가격에 대한 효용성은 조금 떨어졌지만, 홍콩에서만 만날 수 있는 브랜드와 아이템의 가치는 홍콩 쇼핑을 기대하게 만드는 또 다른 이유가 된다. 어떤 수확물을 얻느냐는 순전히 개인의 몫이자 능력이다. 다음의 일목요연한 쇼핑 리스트를 숙지하는 것은 당신의 쇼핑백을 풍요롭게 하는 일종의 어드바이스다.

LOUIS VUITTON

Fashion

Shopping Mall | Department Store & Multi Shop | Outlet | Road Shop

홍콩은 파리나 런던, 뉴욕처럼, 단 한 번의 여행으로 마니아가 되거나

'언젠간 다시 가보고 말 테다'같이 결연한 로망이 생기는 도시는 아니다.

홍콩은 론리 플래닛에 나온 역사와 사회적 배경 등을 숙지하지 않아도 전혀 문제가 되지 않는 도시다.

나는 홍콩 여행에서 만모사, 새 시장, 레이디스 마켓, 란타우섬, 스탠리 같은 관광지는

스케줄에서 과감히 삭제하라고 충고하고 싶다.

홍콩은 철저하게 소비를 위한 도시이며, 또한 온전하게 쇼핑에 집중할 수 있는 도시다.

홍콩에서는 지갑의 두께에 따라 누릴 수 있는 여행의 만족도가 달라진다.

홍콩의 쇼핑 페스티벌

1년에 두 번, 여름과 겨울에 진행되는 쇼핑 페스티벌은 이미 너무 유명하다. 여름 세일은 6월 말부터, 겨울 세일은 12월 중순부터 시작된다. 처음에는 30% 정도로 할인을 시작해서 세일 막바지로 갈수록 할인 폭이 커지지만 예쁜 물건은 쉽게 동이 난다. 특히 슈즈는 인기 사이즈가 빨리 솔드 아웃되기 때문에 슈즈 마니아라면 필히 세일 초반에 가야 한다.

멤버십 가입하기

레인 크로포드와 트위스트는 물론 브랜드 별로 각종 혜택을 누릴 수 있는 멤버십 카드를 발행한다. 멤버십 회원이 되면 포인트 적립은 물론 추가 할인도 받을 수 있다. 영국 브랜드인 프렌치 커넥션(French Connection UK)의 경우 HKD3,000 이상을 구입하면 멤버십이 되는데, 노세일 기간에도 20% 상시 할인이 가능하다.

나와 어울리는 숍 찾기

홍콩에는 없는 브랜드가 거의 없을 정도로 대부분의 수입 브랜드가 들어와 있다. 하지만 같은 브랜드라도 숍바이숍(Shop by shop)으로 바잉을 하기 때문에 보유하고 있는 물건은 차이가 많이 난다. 샤넬의 경우 페닌슐라 아케이드는 유럽의 중장년층 게스트가 많아 클래식한 디자인 위주고, 트렌디한 젊은이들이 많이 찾는 코즈웨이 베이의 리 가든스 매장의 경우는 독특한 디자인과 크루즈 컬렉션 등 톡톡 튀는 아이템이 많은 편. 브랜드마다 숍의 특징을 파악한 뒤 본인의 취향에 맞는 숍을 찾아야 더욱 효율적인 쇼핑을 즐길 수 있다.

환불 및 교환

물건에 손상이 없을 경우, 정상 가격으로 구매한 물건은 100% 환불과 교환이 가능하다. 환불 또는 교환을 할 수 있는 기간은 일주일에서 최대 90일로, 브랜드마다 다르다. 판매 시 따로 언급을 하지는 않지만 영수증에는 대부분 기재되어 있으니 반드시 확인할 것. 세일 아이템이나 아울렛에서 구입한 물건은 환불이 절대 불가하다. 교환도 일주일 이내에만 가능한 경우가 많으니 저렴하다고 무턱대고 지르지 말고 신중하게 구매해야 한다.

I

쇼핑몰

Shopping Mall

우리나라가 백화점 문화라면 홍콩은 단연 쇼핑몰 문화다. 쇼핑몰의 컨셉트에 따라 입점해 있는 브랜드와 아이템이 달라진다. 홍콩의 많고 많은 쇼핑몰 중 자신의 컨셉트와 가장 잘 맞는 쇼핑몰부터 찾아야 쇼핑이 한결 수월해진다. 침사추이에 위치한 하버 시티는 저가부터 고가 브랜드까지 다양하게 입점해 있지만 규모가 너무 커서 홍콩통인 나조차지도 없이는 헷갈릴 정도다. 홍콩 초보 여행자라면 퍼시픽 플레이스나 IFC몰 정도가 무난하다. 쇼핑몰의 오픈 시간은 입점한 브랜드에 따라 조금씩 다른데 대략 오전 10시부터 오후 8시까지로, 명품 브랜드보다는 캐주얼 브랜드가 더 늦게까지 문을 연다.

쇼핑몰	장점	단점
IFC몰	홍콩역과 연결되어 인타운 체크인 후 여유로운 마무리 쇼핑을 할 수 있다.	매장 간 거리가 먼 편이라 짧은 시간 내에 여러 곳을 둘러보기 어렵다.
퍼시픽 플레이스	중저가부터 명품 브랜드까지 골고루 입점되어 있어 원스톱 쇼핑에 제격이다.	매장 별 규모가 크지 않아 아이템이 다양하지 못한 경우가 많다.
랜드마크	대부분의 명품 브랜드들이 입점해 있고 매장 규모도 커서 가장 많은 물건을 보유하고 있다.	명품 브랜드 외에 중저가 브랜드는 전혀 구비하고 있지 않아 눈요기로 그칠 공산이 크다.
타임 스퀘어	주변에 재미난 컨셉트의 로드숍이 많아 쇼핑몰과 로드숍 쇼핑을 동시에 완성할 수 있다.	유동 인구가 지나치게 많아 이동이 불편하고 젊은 층이 많이 찾는 곳이라 아이템이 제한적이다.
엘리먼츠	홍콩에 가장 최근에 생긴 종합 쇼핑몰로 사람이 많지 않아 쾌적한 쇼핑을 즐길 수 있다.	센트럴이나 침사추이 같은 번화가가 아니라서 엘리먼츠 외에 주변에 둘러볼 곳이 별로 없다.
하버 시티	홍콩에서 가장 규모가 큰 쇼핑몰로 중저가부터 명품까지 모든 브랜드가 입점해 있다.	브랜드가 너무 많이 입점되어 있고, 동선이 복잡해서 길을 잃기 십상이다.
1881 헤리티지	명품 주얼리&시계 브랜드에 관심 있다면 이곳에서 모든 브랜드를 비교해 볼 수 있다.	주얼리&시계 브랜드를 제외하고는 상하이탕과 아이웨어 숍밖에 없다.

레이디스 마켓 Ladies Market

몽콕에는 각종 스포츠용품을 저렴하게 구입할 수 있는 <u>스포츠 마켓</u>(Sports Market)과 여성 쇼퍼들이 좋아하는 아기자기한 아이템을 갖춘 레이디스 마켓(Ladies Market)이 있다. 리바이스, 아디다스, 나이키 등의 제품을 우리나라보다 절반 정도 싼 가격에 구매할 수 있어 관광객과 현지 청소년들로 늘 붐빈다. 레이디스 마켓은 의류, 신발, 가방부터 각종 기념품과 아이디어 상품까지 없는 게 없는 재래시장이다. 우리나라 남대문 시장과 비슷한 컨셉트로 제품의 퀄러티는 기대하지 말 것. 가방이나 시계 모조품을 파는 호객꾼이 많은데, 카탈로그를 보여준 다음 제품을 보여준다며 따라오라고 해도 절대 가면 안 된다. 최악의 경우 소매치기를 당할 수 있으며, 막상 가봤자 괜찮은 물건도 없다. A급 이미테이션이라면 차라리 이태원이 더 낫다. 한 번 가봤던 사람이라면 두 번 이상 권하고 싶지 않은 코스다.

HKMA Information Centre

Two IFC 55층에는 'HKMA(The Hong Kong Monetary Authority)' 인포메이션 센터가 있다. 이곳에는 누구나 무료로 관람할 수 있는 전망대가 있는데, 탁 트인 통유리 너머로 하버와 침사추이가 바라다보이는 뷰가 근사하다. 피크에 갈 시간이 없다면 이곳에서 홍콩의 풍경을 감상하는 것도 괜찮은 방법이다. 전망대에 들어가기 위해서는 여권이나 국제학생증 같은 사진이 부착된 신분증이 필요하다.

● 관람시간 10:00-18:00(Mon-Fri), 10:00-13:00(Sat), Closed Sun

IFC 몰 IFC Mall

- 주　　　소 **8 Finance Street, Central**
- 전화번호 **2295 3308**
- 홈페이지 **www.ifc.com.hk**

IFC는 작년에 완공된 'International Finance Centre'의 약자로 센트럴에 위치하고 있으며, 총 88층 규모로 현재 공사 중인 카우롱 역 근처의 KCC 건물을 제외하곤 홍콩에서 가장 높은 건물이다. IFC몰은 IFC빌딩 옆쪽에 자리잡은 멀티플렉스로 쇼핑뿐 아니라 레스토랑, 영화, 은행, 스파 등의 편의시설이 완벽하게 갖춰져 있다. 이곳에는 중상급 이상의 수입 브랜드들이 많은데, 대부분 다른 쇼핑몰에 비해서 규모도 크고 물건도 많이 보유하고 있는 편이다. 또한 레인 크로포드나 조이스 뷰티 같은 백화점과 멀티숍도 함께 입점해 있어, 일부러 단독 매장을 찾아가지 않아도 되니 일석이조다. 이곳에 입점한 스페인 SPA브랜드인 자라Zara 역시 홍콩에서 가장 큰 매장으로 물건 회전이 빠르고 손님이 많아 마음에 드는 물건을 발견한 즉시 사지 않으면 품절이 되기 일쑤다. 청바지 마니아라면 에비수Ebisu, 세븐진Seven Jean 트루 릴리전True Religion 등의 데님 브랜드가 모여 있는 5층을 둘러볼 것. IFC몰은 홍콩역과 연결되어 있어 홍콩을 떠나는 날 인타운 체크인을 한 후 마지막 쇼핑을 즐기기에도 적절한 곳이다. 또한 페리 터미널과도 가까워 침사추이 관광을 같은 날에 둘러보기도 좋다. 쇼핑 후에는 근사한 하버뷰가 펼쳐지는 레스토랑이나 바에서 휴식을 취할 수도 있다.

브랜드의 다양성과 셀렉션, 교통, 레스토랑 등 모든 면에 있어 가장 편리한 쇼핑몰이다. 홍콩역에서 인타운 체크인을 한 후 비행기 시간 전까지 쇼핑, 식사 등을 해결하며 시간을 보낼 수 있는 최적의 장소다.

Shop No.	브랜드	특징
1055	스티브 매튼 Steve Maden	미국에서 건너온 슈즈 브랜드인 스티브 매튼은 이미 할리우드 스타들의 애장품으로 입소문난 브랜드다. 베이식한 디자인부터 트렌디한 디자인까지 다양한 스타일을 만날 수 있고 가격 또한 합리적이다
1087	애러간트 캣 Arrogant Cat	독특한 디자인의 드레스를 원한다면 주저 말고 애러간트 캣으로 가라. 범상치 않은 디테일과 실루엣으로 무장한 드레스는 란콰이펑에서의 나이트라이프를 더욱 풍요롭게 해줄 것이다
3089-3097	아녜스베 라 로지아 Agnes.b La Loggia	홍콩에서 선풍적인 인기를 끌고 있는 아녜스베에서 오픈한 플래그십 스토어. 여성복, 남성복, 스포츠웨어, 액세서리 등의 패션 아이템은 물론 카페, 델리스, 레스토랑을 한 자리에 모았다

퍼시픽 플레이스 Pacific Place

- 주　　소 **88 Queensway Road, Admiralty**
- 전화번호 **2844 8988**
- 홈페이지 **www.pacificplace.com.hk**

홍콩 쇼핑의 교과서 같은 쇼핑몰이다. 저가부터 중가, 고가에 이르기까지 대부분의 브랜드가
모여 있다. 여행객들이 센트럴의 IFC몰이나 코즈웨이 베이의 타임 스퀘어를 더 선호하는 데
반해 이곳은 관광객보다는 현지인들이 많은 듯. 그래서인지 상대적으로 한가한 편이고 아이
템도 더 여유가 있는 편이다. 1층에는 중가 브랜드가 많고 위층으로 올라갈수록 가격대가 높
아진다. 이곳 역시 레인 크로포드, 세이부, 조이스, I.T 등의 백화점과 멀티숍이 함께 입점해
있어 쇼핑의 편리함을 더한다. 일본 백화점인 세이부는 걸리쉬한 아이템이 많은 편이고 아
동복 코너도 상당히 훌륭하다. 슈즈 코너는 여러 브랜드가 함께 진열되어 있는데, 모스키노
Moschino, 에밀리오 푸치Emilio Pucci 등의 브랜드를 눈여겨보자. 세일 기간에는 눈이 핑핑 돌아
갈 정도로 할인 폭이 커서 구두만 몇 켤레씩 사들고 나올 때가 많다. 애드머럴티 3인방 호텔
로 불리는 아일랜드 샹그리라Island Shangri-la, 매리어트 홍콩Marriot Hong Kong, 콘래드Conrad와 다
이렉트로 연결되어 이 호텔 중에 묵는다면 기분 내킬 때마다 수시로 들러 쇼핑의 욕구를 해
결할 수 있다. 젠Zen, 예 상하이Ye Shanghai, 로카Roka 등 꽤 괜찮은 레스토랑들이 많이 위치해
있어 쇼핑 전후 식사를 하기에도 좋다.

퍼시픽 플레이스를 운영하는 스와이어 그룹(Swire Group)은 지난해 완차이와 연결되는 초입에 스리 퍼시픽 빌딩(Three Pacific Building)을 오픈했는데, 이곳에는 최고급 레지던스 호텔인 어퍼 하우스(The Upper House)가 위치해 있다. 또한 어퍼 하우스의 파인 다이닝 레스토랑인 카페 그레이 디럭스(Cafe Gray Deluxe)에서는 유럽과 미국 등지에서 활동한 셀러브리티 셰프인 그레이 쿤츠(Gray Kunz)의 솜씨를 맛볼 수 있다. 스리 퍼시픽 빌딩은 퍼시픽 플레이스와 지하 차도로 연결된다.

- 주　　소 **88 Queensway Road, Admiralty**
- 전화번호 **2918 1838**
- 홈페이지 **www.upperhouse.com**

Shop No.	브랜드	특징
209	비비안 탐 Vivianne Tam	중국 전통 문양과 컬러를 모티프로 하여 현대적인 디자인의 드레스와 가운 등 여성스러운 아이템을 선보이는 곳.
236	켈리 앤 웰시 Kelly&Walsh	페이지원이나 다이목스처럼 다양한 디자인 서적과 여행서가 많다.

IFC몰이나 하버 시티에 비해 접근성이 떨어
지지만 그만큼 여유로운 쇼핑을 즐길 수 있는
곳이 퍼시픽 플레이스다. 퍼시픽 플레이스에
서 쇼핑을 마친 후 연결 통로를 따라 완차이
스타 스트리트에서 식사를 하는 것이 가장 좋
은 코스다.

랜드마크 The Landmark

● 주　　소 **The Landmark, 15 Queens Road, Central**
● 전화번호 **2525 4142**
● 홈페이지 **www.centralhk.com**

모든 명품 브랜드가 집결해 있는 랜드마크는 '럭셔리'의 상징 같은 곳이다. 자라나 망고 같은 패스트 패션 매장은 아예 존재하지도 않는다. 명품 브랜드 쇼핑에만 관심이 있다면 랜드마크와 하비 니콜스만 둘러봐도 충분할 정도다. 무엇보다 다른 쇼핑몰에 비해 아이 쇼핑만 하는 비구매 손님이 적어 여유로운 분위기에서 제대로 대접받으며 호기롭게 쇼핑에만 집중할 수 있다는 점도 다르다. 특히 이곳은 슈즈 마니아라면 꼭 들러봐야 할 곳이다. 마놀로 블라닉Manolo Blanihk, 지미 추Gimmy Choo는 물론 세계에서 네 번째, 아시아에서는 유일한 로저 비비에 Roger Vivier 숍도 바로 이곳에 있다. 지미 추에서 하루에 HKD15,000 이상, 또는 3개월 내에 HKD30,000 이상 구매하면 VIP로 등록되어 상시 10% 할인을 받을 수 있다. 침사추이 캔톤 로드에 리뉴얼 오픈하기 전, 홍콩에서 가장 큰 규모를 자랑했던 루이 뷔통 매장에는 언제나 줄 선 사람들의 행렬이 이어지고, 아시아 최대 규모의 구찌 숍도 웅장한 규모를 자랑한다. 샤넬 매장이 없다는 게 작은 흠이지만, 근처 알렉산드라 하우스 Alexandra House가 지척이니, 랜드마크 쇼핑 후에 들러보면 되겠다. 지하에는 비시비지 막스아즈리아BCBG MAXAZRIA, 주시 쿠튀르Juicy Couture, 마크 바이 마크 제이콥스Marc by Marc Jacobs 같은 비교적 저렴한 명품 브랜드들이 입점해 있다.

홍콩에서 가장 럭셔리한 쇼핑몰인 랜드마크는 하비 니콜스 백화점, 랜드마크 만다린 호텔과 다이렉트로 연결된다. 지미 추, 로저 비비에, 크리스찬 루부탱 등 슈즈 브랜드를 눈여겨볼 것.

Shop No.	브랜드	특징
19-20	로저 비비에 Roger Vivier	아시아 유일의 로저 비비에 숍으로 엣지 있는 클러치백과 킬힐, 선글라스 등의 아이템을 갖추고 있다.
B17, 8A&B20B	마크 바이 마크 제이콥스 Marc by Marc Jacobs	마크 제이콥스의 세컨드 라인으로 걸리쉬한 디자인과 합리적인 가격대로 젊은 여성들의 사랑을 듬뿍 받는 브랜드.

FENDI

로저 비비에 Roger Vivier

엣지가 철철 넘치는 클러치와 슈즈, 선글라스 컬렉션으로 패션 빅팀들의 선망이 되고 있는 프렌치 시크의 결정체 로저 비비에가 세계에서 네 번째, 아시아 유일의 부티크를 랜드마크에 오픈했다. 요즘 홍콩의 로컬 피플들 사이에서는 강렬한 햇빛을 가리는 로저 비비에의 오버 사이즈 선글라스와 세련된 드레스 코드에 딱 맞는 독특한 디테일의 클러치가 필수다

- 주 소 **Shop 19-20, G/F, The Landmark, 15 Queens Road, Central**
- 전화번호 **2810 8690**
- 홈페이지 **www.rogervivier.com**

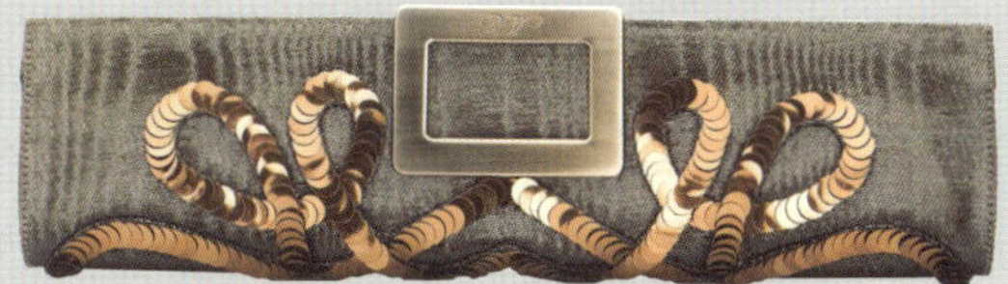

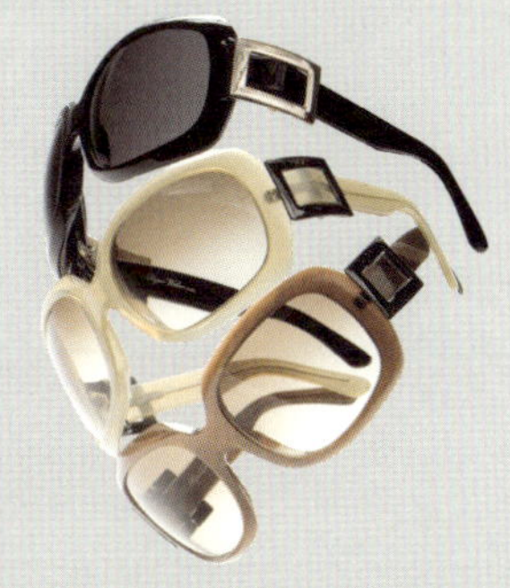

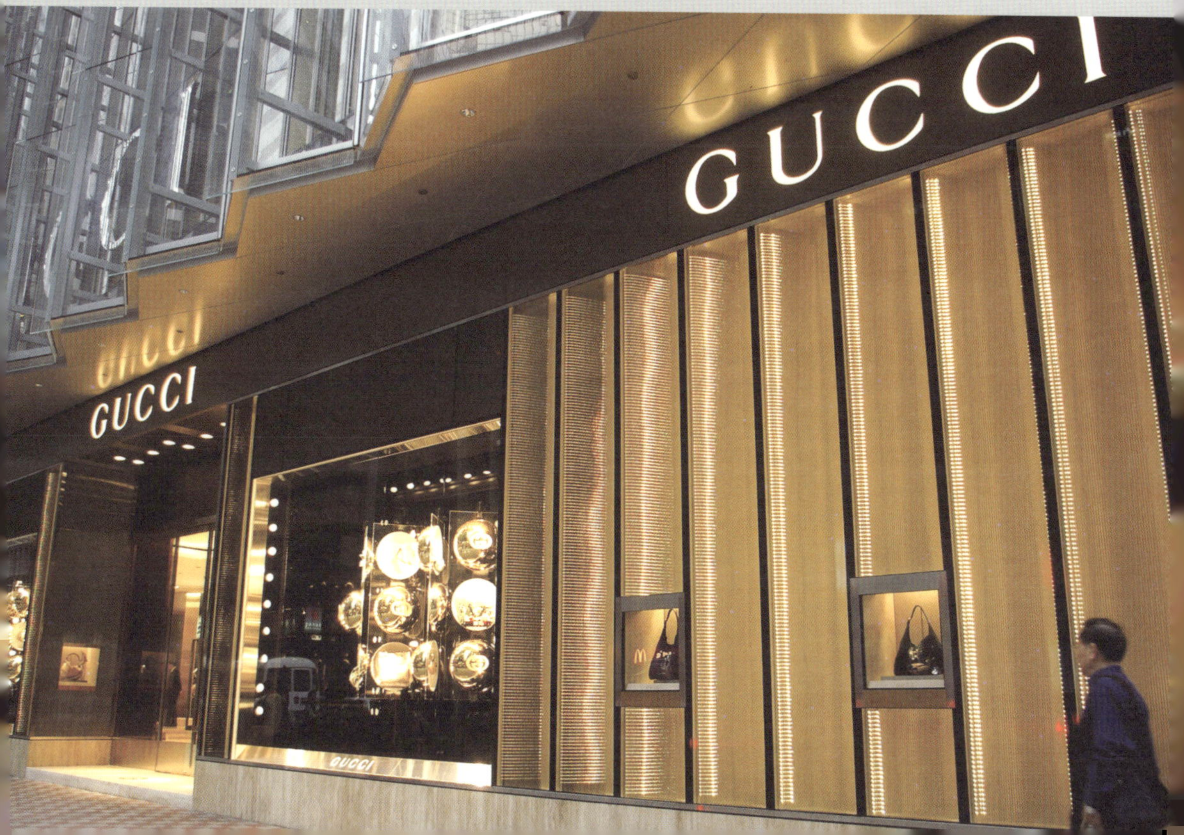

코즈웨이 베이의 랜드마크
인 타임 스퀘어는 일년 내내
아침부터 늦은 밤까지 언제
나 많은 사람들로 붐빈다.

타임 스퀘어 Times Square

- 주　　소 **1 Matheson Street, Causeway Bay**
- 전화번호 **2118 8900**
- 홈페이지 **www.timessquare.com.hk**

타임 스퀘어 앞은 젊음의 거리 코즈웨이 베이의 만남의 장소로 통한다. 그만큼 유동 인구도 많고 쇼핑객도 많다. 조금 번잡스럽기는 하지만 리 가든스Lee Gardens나 랜드마크의 명품 숍처럼 권위적이지 않아 부담 없는 아이쇼핑이 가능하다. 레인 크로포드에 대부분의 명품 브랜드가 입점해 있긴 하지만, 그 외에는 로컬 브랜드와 캐주얼한 브랜드가 많은 편이다. 20대를 위한 발랄한 브랜드가 많고, 젊은 타깃에 맞게 아이템들은 짧거나 작고 디자인이 파격적이다. 현지인에 따르면 8~9층의 어린이용품 숍과 가전제품 코너가 좋다고는 하는데, 거주자가 아닌 이상 크게 관심 갈 만한 아이템은 아니다. 코즈웨이 베이에 호텔을 예약하거나 근처에 갈 일정이 있다면 모를까, 쇼핑만을 목적으로 했을 때는 그다지 편한 곳은 아니다(사람이 너무 많다!). 코즈웨이 베이에서만 쇼핑할 예정이라면, 리 가든스, 타임 스퀘어, 패터슨 스트리트Paterson Street, 소고Sogo까지 한 번에 몽땅 둘러보는 것이 좋다.

리 가든스 Lee Gardens

- 주　　소 **1 Hysan Road, Causeway Bay**
- 전화번호 **2895 5777**
- 홈페이지 **www.leegardens.com.hk**

홍콩에 위치한 종합 쇼핑몰이 대부분 중저가 브랜드부터 명품 브랜드까지 골고루 갖추고 있는데 반해 리 가든스는 센트럴의 랜드마크처럼 명품 브랜드 위주의 쇼핑몰이다. 하이산 로드Hysan Road를 중심으로 리 가든스와 리 가든스 2로 나뉘어 온갖 명품 브랜드들이 촘촘하게 들어서 있다. 종합 쇼핑몰의 명품 브랜드가 대중적인 아이템을 많이 구비하고 있는 편이라면, 리 가든스의 명품 브랜드들은 기본 아이템 외에 크루즈 컬렉션이나 리미티드 에디션 같은 플래쉬 상품을 다양하게 구비하고 있는 것이 특징이다. 특히 샤넬 마니아라면 리 가든스의 샤넬 매장을 꼭 들러볼 것. 가방이나 의류 외에 네크리스나 이어링, 선글라스 같은 액세서리 류도 다양하게 갖추고 있다. 또한 아베비Abebi, 디올 키즈Dior Kids, 버버리 칠드런Burberry Children, 바로코Barocco 등 고급스러운 아동복 브랜드가 대거 입점해 있어 아이들을 위한 쇼핑이라면 들러보는 것이 좋다.

셀 수도 없을 만큼 어마어마한 인파가 쏟아지
는 코즈웨이 베이에서 유일하게 차분하게 숨
을 고르며 쇼핑할 수 있는 곳이 리 가든스다.
여느 쇼핑몰처럼 대부분의 명품 브랜드를 갖
추고 있으며, 입점해 있는 아동복 브랜드들과
레스토랑들도 수준급이다.

엘리먼츠 Elements

● 주　　　소 **1 Austin Road West, T.S.T., Kowloon**
● 전화번호 **2735 5234**
● 홈페이지 **www.elementshk.com**

홍콩에서 가장 최근에 생긴 쇼핑몰로, 관광객의 발길이 드문 카우룽역에 위치하고 있어 한가로이 쇼핑을 즐기기 좋다. 근처에 레지던스 빌딩이 많아서인지 관광객보다는 현지 주거인이 많은 편이어서 리빙 섹션이나 레스토랑이 잘 돼 있다. 미국 『포춘』 지에 실릴 만큼 감각적인 인테리어도 소소한 구경거리다. 중국 사상의 다섯 가지 요소인 금Metal, 물Water, 불Fire, 땅Earth, 나무Wood를 소재로 쇼핑몰 곳곳에 다양한 모티프를 심어놓았다. 패스트 패션의 쌍두마차인 H&M과 자라가 마주하고 있어 두 브랜드를 한 번에 둘러보기도 좋다. 1층에는 캐주얼 브랜드와 유기농 슈퍼마켓인 스리 식스티Three Sixty, 일본계 인테리어 숍인 발스

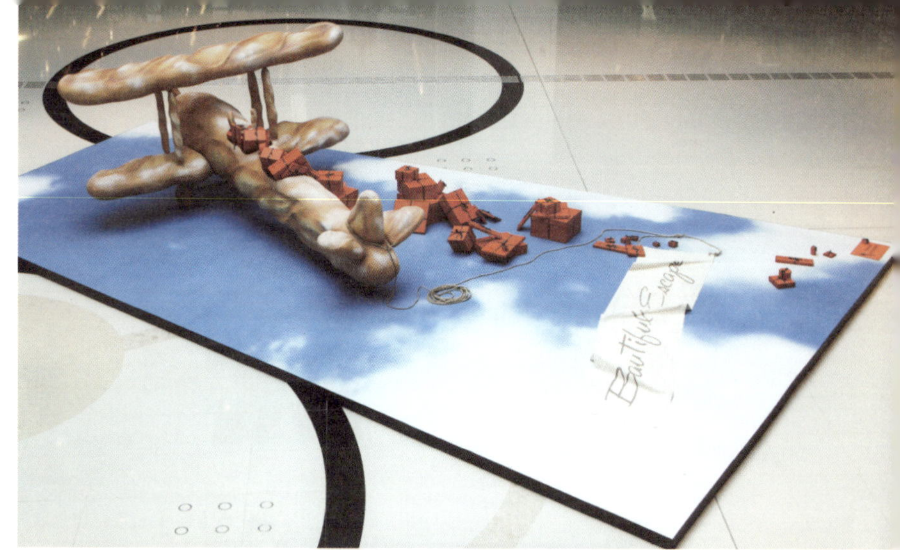

가장 최근에 오픈한 쇼핑몰
인 엘리먼츠는 카우룽역과 연
결된다. 침사추이 쪽에 호텔
을 마련했다면 카우룽역에서
인타운 체크인을 하고 마무리
쇼핑을 즐기기에 좋다.

도쿄 Bals Tokyo등을 비롯한 리빙 섹션과 아동복, 레스토랑으로 구성되어 있으며, 2층에는 명품 브랜드와 함께 센트럴의 알렉산드라 하우스처럼 고급 주얼리 브랜드들이 운집해 있다. 홍콩 유일의 루엘라Luella 숍도 이곳에 있다. 카우룽역과 연결되기 때문에 카우룽 반도 쪽 호텔에 묵는다면 카우룽역에서 인타운 체크인을 하고 마지막으로 둘러보기에 편리하다.

Shop No.	브랜드	특징
1032	발스 도쿄	일본계 인테리어 숍으로 프랑프랑과 같은 계열사다. 세계적인 디자이너와의 코퍼레이션을 통해 컨템퍼러리 디자인의 정수를 보여준다.
2084-2085	루엘라 Luella	홍콩 유일의 루엘라 숍이다. 한때 우리나라에서 큰 인기를 끌었던 가방은 물론 소녀적인 취향의 의류도 눈길을 끈다.
1007	베드 앤 배스 Bed&Bath	숍 이름에도 나와 있듯이 침구와 목욕용품에 대한 모든 것을 판매하는 곳. 퀄리티가 뛰어난 코튼을 사용한 베딩과 다양한 향을 갖춘 목욕용품을 갖추고 있다.

하버 시티 Harbour City

● 주   소 **3-27, Canton Road, T.S.T., Kowloon**
● 전화번호 **2118 8666**
● 홈페이지 **www.harbourcity.com**

카우룽 반도 선착장 근처에 위치한 홍콩 최대 규모의 쇼핑 센터. 7백여 개의 숍과 레스토랑, 영화관 등이 있어 지도를 보고 잘 찾지 않으면 헤매기 일쑤다. 홍콩에서 딱 한 곳의 쇼핑몰에서 쇼핑을 해결해야 한다면 하버 시티가 제격이다. 저렴한 로컬 브랜드와 수입 브랜드부터 하이엔드 명품 브랜드까지 없는 게 없는 곳이다. BCBG, 멀버리, 아네스베 등 우리나라에서는 쉽게 접하지 못하는 브랜드 위주로 쇼핑하는 것이 포인트. 레인 크로포드, 조이스 뷰티, 페이시스Faces, 시티 수퍼와 단독 매장이 모여 있는 뷰티 코너에는 우리나라에 아직 입점하지 않은 브랜드도 많아 여성들의 호기심을 자극한다(특히, 조이스 뷰티). Leve3에 위치한 LCX는

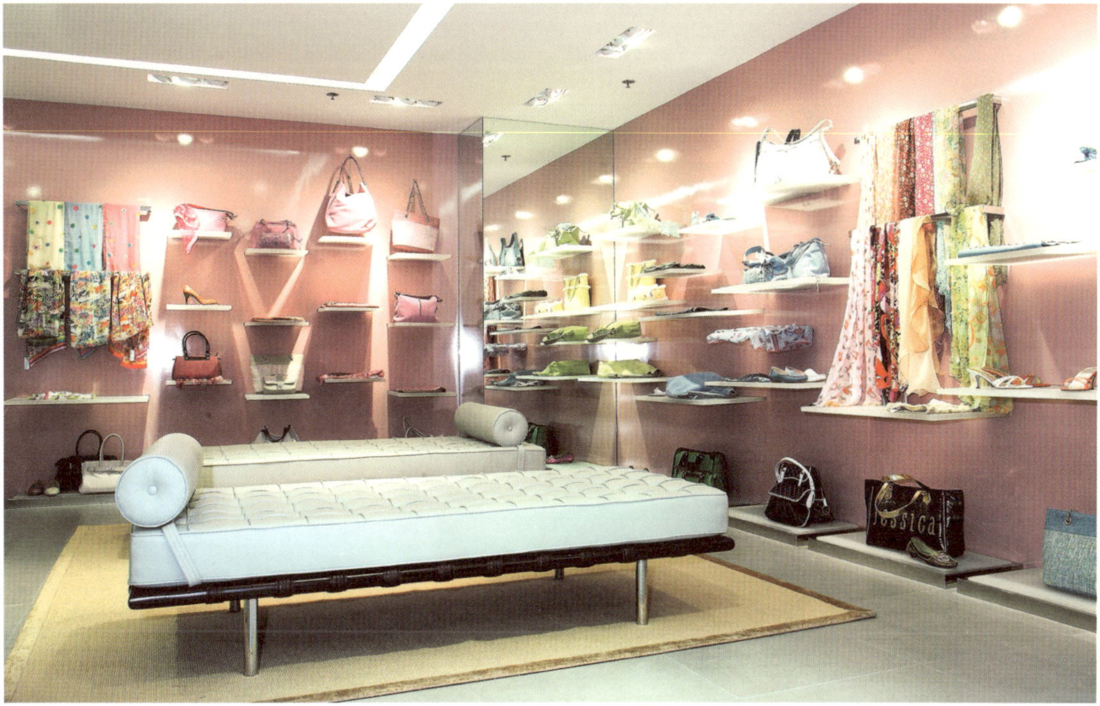

하버 시티 추천숍

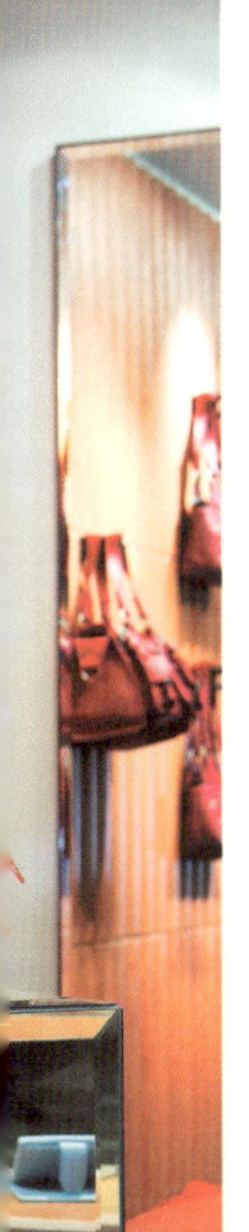

Shop No.	브랜드	특징
202	페이시스 Faces	우리나라에 입점하지 않은 다양한 코즈메틱 브랜드를 만날 수 있는 곳. 조이스 뷰티와 페이시스를 둘러보면 화장품 쇼핑은 끝!
2116	베이비 제인 바이 까샤렐 Baby Jane by Cacharel	프랑스 여성복 브랜드인 까샤렐의 세컨드 브랜드로, 걸리쉬한 디테일와 패턴을 사용해 깜찍한 디자인이 많다.
G210	멀버리 Mulberry	홍콩 유일의 멀버리 숍으로 다양한 디자인의 잇백을 갖추고 있다. 이번 시즌에는 영국의 패션 아이콘인 알렉사 청이 디자인한 베이스워터캑을 주목할 것.

club X
Home Office

'Lifestyle Concept X'를 모토로 하는 트렌디한 멀티 플레이스. 주로 20대 초반을 겨냥한 의류와 잡화, 레저용품을 판매하는데, 특히 홈리스Homeless라는 인테리어 브랜드는 요시토모 나라의 일러스트를 이용한 각종 생활용품과 모던하면서도 감각적인 디자인의 벽걸이 시계, 의자 등이 주목할 만하다. 르 꼬끄 스포르티브와 패트릭 콕스Patric Cox, 비비안 웨스트우드, 에밀리오 푸치 등의 브랜드가 있는 엑스트라 바간자Extra Vaganza는 백이나 슈즈, 액세서리 등의 단품 쇼핑에 좋다. 토이저러스Toys 'R' Us와 아베비Abebi, 바로코Barocco, 셜리 템플Shirley Temple 등 어린이를 위한 코너에 강세를 보이는 쇼핑몰이다.

다양성에 있어 홍콩을 대표하는 쇼핑몰이라 말할 수 있는 하버 시티는 중저가 브랜드부터 하이엔드 패션 브랜드까지 없는 게 없는 만물상 같은 쇼핑몰이다. 캔톤 로드 쪽에 명품 브랜드가 몰려 있다.

TIFFANY & CO.

1881 헤리티지 1881 Heritage

● 주   소 **2A, Canton Road, T.S.T., Kowloon**
● 전화번호 **2926 8000**
● 홈페이지 **www.1881heritage.com**

1881 헤리티지는 예전 해양경찰본부 건물을 중심으로 광장과 쇼핑몰, 호텔 등을 연계해 리노베이션한 곳이다. 침사추이의 하버 시티 맞은편에 위치해 있어 하버 시티와 같은 동선으로 둘러보면 좋다. 홍콩 최대 규모의 티파니Tiffany&Co., IWC, 브레게Breguet, 까르띠에Cartier, 반 클리프 아펠Van Cleef&Arpels 등 세계적으로 내로라하는 주얼리 하우스들이 대부분 입점해 있다. 유럽의 성을 연상케 하는 고풍스러운 분위기로 웨딩 사진이나 졸업식 등 기념 촬영을 하는 현지인들도 상당히 많은 편이다. 또한 페더 빌딩에 이은 상하이 탕Shanghai Tang의 두 번째 플래그십 스토어도 함께 위치해 있다. 의류의 비중이 높은 페더 빌딩 매장에 비해 인테리어 소품과 액세서리 아이템이 많은 편이어서 선물용 아이템을 고르기에 좋다. 메인 빌딩에 오픈한 휴렛 하우스Hullett House는 아쿠아 레스토랑 그룹에서 운영하는 호텔로, 단 10개의 스위트만을 제공하며 히스토리컬한 인테리어로 꾸며져 있다www.hulletthouse.com. 오픈하자마자 여러 매거진과 신문에 앞다투어 보도될 만큼 화려한 위용을 자랑한다.

실버코드&선 아케이드 Silvercord&The Sun Arcade

Silvercord
- 주　　소 **30 Canton Road, T.S.T., Kowloon**
- 전화번호 **2735 9208**
- 홈페이지 **www.silvercord.hk**

The Sun Arcade
- 주　　소 **28 Canton Road, T.S.T., Kowloon**
- 전화번호 **2735 8702**
- 홈페이지 **www.thesunarcade.com.hk**

침사추이 쪽 쇼핑에 출정했을 때 반드시 둘러봐야 할 쇼핑몰 두 곳이 바로 실버 코드와 선아케이드 빌딩이다. 캔톤 로드 하버 시티 맞은 편에 위치해 있어 찾아 가기도 쉽다. 실버코드에서 체크해야 할 곳은 홍콩 최대의 멀티숍 중 하나인 I.T 와 소니아 바이 소니아 리키엘Sonia by Sonia Rykiel, 이자벨 마랑Isabelle Marant 그리 고 I.T 아울렛인 I.T 세일숍I.T Sale Shop이다.

지하에는 상당히 큰 규모의 푸드 코트가 있고 2층에는 소룡포 전문점인 딘타이 펑Din Tai Fung이 있어 가벼운 식사를 해결하기도 좋다. 지하 푸드 코트 옆에는 침 사추이 최대 규모의 리빙숍 GOD가 있다. 선 아케이드는 면세점 DFS 갤러리 아 건물로 더 잘 알려진 곳이다. 1층에는 홍콩 유일의 DFS 갤러리아가 있지만 홍콩 전역이 면세 지역이니 다른 곳과 가격 차이가 없어 이름값에 비해 홀대받 는 곳이다. DFS 갤러리아는 화장품 코너가 그나마 괜찮은 편이고, 가까운 호텔 로는 딜리버리 서비스를 해주기도 한다. 실버코드 지하에는 명품 아울렛인 트위 스트가 있고, 캐주얼 멀티숍인 디몹D-mop도 인기다.

침사추이의 명품 거리인 캔톤 로드(Canton Road)는 침사추이의 메인 스트리트인 나단 로드와는 전혀 다른 지역처럼 느껴질 만큼 갭이 크다. 캔톤 로드를 따라가다 만날 수 있는 실버코드와 선 아케이드는 수많은 명품 브랜드 플래그십 스토어 사이에서 당당하게 입지를 굳히고 있는 감초 같은 쇼핑 스폿이다.

2

백화점&편집매장

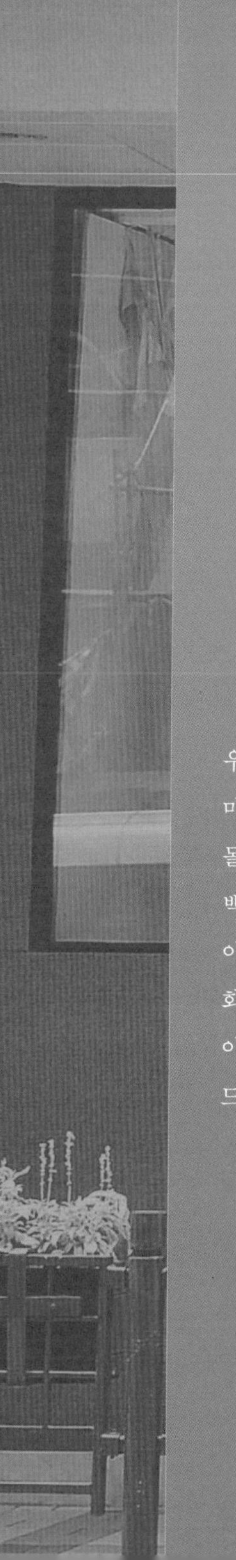

우리나라와는 달리 백화점보다 쇼핑몰이 일반화된 홍콩에서는 백화점 마저 쇼핑몰 내에 숍인몰 형태로 입점되어 있다. 홍콩의 백화점은 쇼핑 몰의 축소판이라 할 수 있는데, 세이부Seibu나 소고Sogo 같은 일본 계열 백화점은 의류, 뷰티, 슈퍼마켓 등 라이프스타일 전반에 관련된 매장들 이 모두 입점해 있고, 레인 크로포드나 하비 니콜스 같은 영국 계열 백 화점들은 패션과 뷰티만으로 특화되어 있다. 또한 홍콩의 멀티숍은 아 이템 구성은 물론 감각적인 디스플레이로도 유명해서 디자이너나 트렌 드 세터들의 좋은 참고서 역할을 한다.

레인 크로포드 Lane Crawford

● 주　　소　**IFC Mall, 8 Finance Street, Central**
● 전화번호　**2118 3668**
● 홈페이지　**www.lanecrawford.com**

영국계 백화점인 레인 크로포드는 백화점이라기보다는 조이스Joyce, 온 페더On Pedder처럼 셀렉션이 좋은 거대 멀티숍 같다. 1850년에 리테일숍으로 시작한 레인 프로포드는 IFC몰, 퍼시픽 플레이스, 타임 스퀘어, 하버 시티 등에 지점이 있으며 베이징에도 새로운 매장을 오픈했다. 이중 IFC몰과 퍼시픽 플레이스 지점이 추천할 만한데, IFC몰은 의류와 백, 슈즈 등의 패션이, 퍼시픽 플레이스는 가구와 인테리어 소품 등의 리빙코너 상품 구성이 좋다. 쇼핑 페스티벌 기간에는 30~50% 할인 행사를 실시해서 현지인과 관광객으로 발 디딜 틈이 없다. 실제로 내 홍콩 쇼핑의 50%는 레인 크로포드에서 해결되는데, 우리나라에서 150만 원 정도

하는 마르니 백을 HKD 4,800에 구입했고, 지미 추, 세르지오 로씨, 페드로 가르시아, 주세페 자노티의 슈즈를 50% 할인된 가격에 구입하기도 했다. 트래킹 카드를 작성한 뒤 90일 안에 HKD 10,000 이상을 구입하면 골드 프리빌리지 카드Gold Previllage Card를 받게 되는데, 멤버십 회원이 되면 세일하지 않는 상품을 항시 10% 할인된 가격으로 구입할 수 있다. 컨시어지에서는 휴대폰 충전, 레스토랑 예약, 프라이빗 스타일리스트 서비스를 이용할 수 있다.

만일 홍콩에서 단 한 군데서만 쇼핑을 해야 한다면, 나는 주저 없이 레인 크로포드를 선택할 것이다. 대중적인 브랜드부터 독특한 디자이너 브랜드까지 상품 구성은 물론 디스플레이와 셀렉션 또한 완벽하다. 특히 슈즈 코너와 브랜드 별 디스카운트 행거를 눈여겨볼 것.

온 페더를 유명하게 만든 것은 시즌마다 독특한 컨셉트로 진행되는 디스플레이다. 한두 달에 한 번씩 테마를 정해 온 페더 고유의 감성으로 풀어내는 디스플레이는, 패션계 종사자라면 언제나 눈도장을 찍을 만큼 스타일리쉬하고 감각적이다.

온 페더 On Pedder

● 주　　소　1/F, Joyce, New World Tower, 18 Queens Road, Central
● 전화번호　2118 3489
● 홈페이지　www.ifc.com.hk

홍콩 최고의 멀티숍을 다투는 온 페더는 시즌마다 독특한 감각으로 꾸며지는 윈도 디스플레이로도 유명하다. 얼마 전 센트럴의 페더빌딩에서 퀸즈 로드Queens Road의 뉴 월드 타워New World Tower로 자리를 옮겼다. 평범한 디자인보다는 트렌디하고 엣지 있는 스타일이 많아 홍콩의 트렌드 세터들이 참새 방앗간처럼 애용하는 곳이다. 의류, 백, 슈즈, 커스튬 주얼리 등의 아이템을 갖추고 있으며, 특히 백과 슈즈 셀렉션이 좋다. 〈섹스 앤 더 시티〉의 캐리 브래드쇼도 크리스찬 루부탱, 지미 추, 지우페 자노티 슈즈의 아찔한 라인에 눈을 떼지 못할 것이다. 온 페더에서 자체적으로 발행하는 페더진Pedderzine은 감각적인 화보와 정보로 가득해서 매장을 찾을 때마다 하나씩 챙겨오곤 한다. 홍콩에는 센트럴과 침사추이 하버 시티에 매장이 있고 그 밖에 싱가포르, 상하이, 마카오, 자카르타에도 매장이 있다.

조이스 Joyce

● 주　　소 **G 106 Gateway Arcade, Harbour City, Kowloon**
● 전화번호 **2367 8128**
● 홈페이지 **www.joyce.com**

온 페더, I.T와 함께 홍콩의 패션 트렌드를 리드하는 트로이카 중 하나다. 다양한 디자이너 브랜드를 보유하고 있는 멀티숍으로 센트럴, 퍼시픽 플레이스, 하버 시티에는 패션 매장을, IFC몰, 퍼시픽 플레이스, 타임 스퀘어의 레인 크로포드 내에 뷰티 매장을 운영한다. 발망Balmain, 준야 와타나베Junya Watanabe, 알렉산더 맥퀸Alexander McQueen 등은 물론 앤 드뮐미스터Ann Demeulemeester, 오스카 드 라 렌타Oscar De La Renta, 릭 오웬Rick Owens같이 우리나라에서는 쉽게 접하지 못하는 디자이너 브랜드도 만날 수 있다. 패션 코너와 함께 운영되는 조이스 뷰티 역시 국내 미유통 브랜드가 많고 스킨 케어부터 메이크업, 향수에 이르기까지 제품 구성도 뛰어나다. 압레이차우에 위치한 아울렛 호라이즌 플라자에 할인 매장이 있고, 홍콩뿐 아니라 베이징, 상하이, 타이완에도 매장을 운영하고 있다.

마치 작은 백화점처럼 다양한 브랜드와 상품 구성으로 유명한 조이스. 하지만 마구잡이식 바잉이 아니라 까다롭게 엄선한 브랜드만을 들여 오기 때문에 흔치 않는 브랜드와 디자인을 만날 수 있다.

하비 니콜스 Harvey Nichols

- ● 주　　소 **15 Queens Road, Central**
- ● 전화번호 **3695 3388**
- ● 홈페이지 **www.harveynichols.com**

랜드마크와 연결되어 있는 하비 니콜스는 영국 계열의 백화점으로, 다른 쇼핑몰이나 백화점
에서 쉽게 접할 수 없는 독특한 브랜드를 보유하고 있어 그 가치를 더한다. 3.1 필립 림Phillip
Lim, 버버리 프로섬Buburry Prosom 같은 개성 넘치는 디자이너 브랜드는 물론, 고야드Goyard나
스미스슨Smythson 같은 퀄리티 높은 레더 브랜드를 만날 수 있는 유일한 장소이기도 하다.
1년 동안 HKD80,000 이상 구매하면 평상시 10% 디스카운트를 받을 수 있고, HKD150,000
이상 구매하면 15% 디스카운트가 가능한 VIP 카드가 발급된다. VIP 카드로 할인받을 수 있
는 브랜드의 제한이 있고, 정상가 제품에서만 할인이 가능하다. 4층에는 모던한 바와 레스토
랑이 있어 쇼핑과 식사, 휴식을 한 번에 해결할 수 있다.

여행과 라이프스타일을 모티프로 한 가죽 전문 브랜드인 스미스슨은 질 좋은 가죽을 사용하고 클래식한 디자인과 컬러풀한 색감이 돋보이는 영국 브랜드다. 위트 있는 문구가 새겨진 다양한 용도의 노트와 여권, 보딩 패스, 크레딧 카드 등을 나눠 보관할 수 있는 트래블 클러치가 인기. 유행을 타지 않는 디자인으로 여권 케이스나 문구류는 선물용으로도 좋다.

● 주　　소　Shop 127-135, 1/F, The Landmark, 15 Queens Road, Central
● 전화번호　3699 3388
● 홈페이지　www.smythson.com

영국의 오랜 지배를 받아서인지 홍콩에는 영국 문화의 잔재와 영국 브랜드 진출이 활발한 편이다. 하비 니콜스는 영국에서 하이 클래스 백화점으로 손꼽히는 백화점으로, 우리나라에서는 쉽게 접하지 못하는 독특한 브랜드를 보유하고 있어 아이 쇼핑만으로도 눈이 호강한다.

3

아울렛

Outlet

홍콩은 도시 전체가 면세 지역이다. 하지만 대부분의 명품은 우리나라 면세점에서 사는 것이 홍콩에서 구입하는 것보다 저렴하다. 그렇다면 홍콩에서 굳이 명품 쇼핑을 할 필요가 있는지 의문이 들 것이다. 홍콩은 우리나라에 비해 매장 규모가 훨씬 크고, 당연히 구비해 놓은 물건의 종류나 수량이 많다. 또한 크루즈 컬렉션이나 리미티드 에디션 같은 희귀한 아이템도 항상 발 빠르게 들여오므로, 우리나라에 들어오지 않거나 품절된 아이템을 구하러 오는 사람들도 많다. 트위스트나 M.O.D 같은 세일숍에서는 항상 디스카운트된 가격으로 명품 브랜드를 구입할 수 있고, I.T 세일숍에서는 시즌이 지난 상품들을 50~90% 할인된 가격으로 판매한다. 공항과 가까운 시티게이트 아울렛은 출국하기 전 마지막 쇼핑 의지를 불태울 수 있는 최적의 장소다.

트위스트 Twist

- ● 주　　소 **G/F, M88 Wellington Place, 2-8 Wellington Street, Central**
- ● 전화번호 **2577 9323**
- ● 홈페이지 **www.twist.hk**

홍콩 시내에서 떨어진 호라이즌 플라자, 시티게이트 등의 할인 매장을 찾아갈 시간이 없다면 시내에 위치한 할인 매장을 둘러보자. 트위스트는 다양한 브랜드가 입점된 명품 할인 매장으로 센트럴, 코즈웨이 베이, 침사추이 세 곳에 매장이 있고 센트럴 점이 물건이 가장 많은 편이다. 펜디, 마르니, 마크 제이콥스, 프라다, 미우미우, 구찌, 세르지오 로씨 등 우리나라 여성이 좋아할 만한 트렌디한 브랜드 제품을 두루 갖추고 있으며, 의류부터 백과 슈즈, 액세서리까지 다양한 아이템을 15% 이상 할인된 가격으로 구매할 수 있다. HKD3,000 이상 구매하면 멤버십으로 등록되며, 멤버십 회원이 되면 10% 추가 할인을 받을 수 있다. 홍콩 쇼핑 페스티벌 기간에는 트위스트도 50% 이상의 파격적인 세일에 돌입하는데, VIP라면 프리세일에 초대받는 영광이 주어진다.

같은 시즌 상품이라도 트위스트에서는 항시 20% 정도 할인된 가격을 제시하기 때문에 정상 매장에 가기 전, 트위스트를 먼저 둘러보길 권한다. 정상 매장에서 150만 원 정도 하는 프라다의 블랙 클러치백을 70만 원 정도에 '득템'했던 적도 있다.

JIL

한국으로 돌아가는 길, 마지막 쇼핑
을 불태우는 곳은 인타운 체크인이
가능한 홍콩역과 연결된 IFC몰 또
는 공항 근처의 시티게이트 아울렛
이다. 버버리, 폴로 등 패밀리를 위
한 무난한 브랜드부터 온 레더, I.T
세일숍, 랑방 같은 엣지 있는 브랜
드를 모두 둘러보다간 자칫 비행기
를 놓치게 될지 모르니 시간 체크를
잘 해야 한다.

시티게이트 아울렛 Citygate Outlet

● 주　　　소 **20 Tat Tung Road, Tung Chung, Lantau**
● 전화번호 **2109 2933**
● 홈페이지 **www.citygateoutlets.com.hk**

홍콩 시내에서의 쇼핑이 100% 만족스럽지 못했다면 공항 가는 길, 시티게이
트 아울렛에 들러보자. 지난해 오픈한 시티게이트는 홍콩 아울렛 중 최대 규모
를 자랑한다. 처음 오픈했을 당시만 해도 아디다스, 푸마, 나이키 등 스포츠 브
랜드만 입점되어 큰 주목을 받지 못했으나 2년이 지난 현재, I.T, 페더 웨어하우
스, 랑방, 질 스튜어트, 세븐진, 버버리, 폴로 랄프로렌 등의 브랜드가 모두 입점
했다. 관광객뿐 아니라 홍콩 현지인들도 즐겨 찾는 쇼핑 명소 중 하나이기 때문
에 사람이 붐비는 주말보다는 평일에 가는 것이 덜 혼잡하다. 세련된 상품 구성
으로 유명한 I.T와 페더 웨어하우스를 특히 주목할 것. I.T는 침사추이 세일숍에
비해 규모도 훨씬 크고 상품도 더 많이 보유하고 있으며(할인율은 30~90%), 페
더 그룹 최초의 아울렛 숍인 페더 웨어하우스는 온 페더와 페더 레드의 제품을
최대 80% 할인된 금액으로 판매한다. 센트럴에서 MTR로 30분 정도 소요되며,
공항까지는 택시로 10분 거리로 매우 가깝다. 시내에서 인타운 체크인을 한 뒤
공항에 가기 전 마무리 쇼핑하기에 좋다.

I.T 세일 숍 I.T Sale Shop

● 주　　소 **Shop 72-119, 3/F, Silvercord Shopping Centre, T.S.T., Kowloon**
● 전화번호 **2377 9466**
● 홈페이지 **www.ithk.com**

홍콩뿐 아니라 상하이와 베이징, 싱가포르 등에도 진출해 있는 멀티샵 I.T의 할인매장이다. 츠모리 치사토Tsumori Chisato, 씨 바이 클로에See by Chloé, D&G, 까샤렐Cacharel, 아이작 미즈라히Isaac Mizrahi 등 너무 무겁지 않으면서 트렌디한 브랜드가 입점해 있다. 한 시즌 전 상품은 50% 가격에 판매되며, 시즌에 따라 할인 폭이 최대 90%까지 떨어진다. 가방은 물건이 별로 없고 의류와 슈즈 아이템의 비중이 높다. 백화점의 매대처럼 켜켜이 옷이 쌓여 있고, 신발도 두서 없이 진열되어 있어 편안한 쇼핑을 기대하기는 힘들다. 하지만 눈썰미가 있는 사람이라면 촘촘한 행거들 사이에서 숨은 진주를 찾아낼 수 있을 것. 침사추이 실버코드 쇼핑센터와 시티 게이트 아울렛 두 군데에 매장이 있으며, 최근 오픈한 시티 게이트점이 규모도 더 크고 디스플레이도 잘 되어 있어서 쇼핑하기에 더 쾌적하다. 침사추이 매장에는 피팅룸이 따로 없어 본인의 사이즈를 잘 파악해서 옷을 골라야 한다.

스페이스 Space

- **주　　소** 2/F, Marina Square, East Commercial Block, South Horizon, Aberdeen
- **전화번호** 2814 9576
- **영업시간** 10:00-19:00(Mon-Sat), 12:00-18:00(Sun, PH)

프라다Prada, 미우미우Miu Miu, 헬무트 랭Helmut Lang 마니아라면 놓쳐선 안 될 곳이다. 아울렛이 아니라 마치 정상 매장처럼 인테리어나 디스플레이가 잘 돼 있다. 홍콩은 물건 회전이 빨라 한 시즌만 지나도 바로 세일을 하거나 아울렛으로 보내지기 때문에 비교적 최신 상품을 많이 구비하고 있다. 최신 상품일수록 할인 폭이 작은데, 1년 전 상품이 가장 많고 할인율은 50%이다. 오래된 시즌 상품의 경우 70~80%까지 할인 폭이 커진다. 우리나라에 매장이 별로 없는 미우미우를 공략할 것. 특히 슈즈 코너의 물량이 넉넉한 편이고, 의류도 다양하게 마련되어 있다. 이곳에서 구입한 물건은 교환과 환불이 안 된다.

호라이즌 플라자 Horizon Plaza

● 주　　소 **Horizon Plaza, 2 Lee Wing Street, Ap Lei Chau**
● 전화번호 **2554 9089**

창고형 아울렛으로 여느 관광지나 쇼핑몰과 멀리 떨어져 있지만 쇼핑 마니아라면 놓쳐선 안 될 필수 코스다. 센트럴과 코즈웨이 베이에서 버스를 타는 방법이 있지만 초행자라면 택시를 타는 게 낫다. 택시 이용 시 편도 요금은 약 HKD100 정도. 대부분의 매장이 오전 10시에 오픈해서 7시경에 문을 닫고(숍마다 다름), 월요일에는 휴무인 곳이 많다. 27층 규모로, 층층마다 빼곡하게 들어찬 매장들을 다 둘러보려면 하루가 빠듯하다. 넓은 규모와 그만큼 장대한 아이템을 갖추고 있는 곳이니, 1층에서 플로어 가이드를 보고 들러야 할 브랜드의 우선 순위를 정해 움직이는 것이 좋다. 멀티숍 조이스 웨어하우스와 레인 크로포드 아울렛은 반드시 들러야 할 매장. 특히 레인 크로포드의 슈즈 코너는 페드로 가르시아, 크리스찬 루부탱, 입생 로랑 등의 브랜드 제품을 시즌에 따라 50% 이상 할인 판매하고 쇼핑 페스티벌 기간에는 아이템에 따라 추가 할인을 실시한다. 의류에 관심이 있다면 막스 마라 그룹과 아르마니, 블루벨 웨어하우스에서 만족할 만한 쇼핑을 즐길 수 있다. 시간 여유가 있다면 택시 기본 거리에 위치한 프라다, 미우미우, 헬무트 랭 아울렛인 스페이스Space도 함께 둘러볼 것.

호라이즌 플라자 추천숍

Shop No.	브랜드	특징
19/F	I.T 세일숍	홍콩의 유명 멀티숍인 I.T의 할인 매장이다. 가방이나 액세서리의 비중은 적고 의류가 특히 강세다.
25/F	레인 크로포드	한 개층을 통틀어 사용할 만큼 큰 규모다. 의류와 슈즈, 가방, 액세서리, 리빙 소품 등 아이템 양이 어마어마하다. 센존(St. John)을 놀라운 가격에 판매한다.
21/F	아르마니	센트럴의 아르마니 하우스처럼 아르마니 패션의 모든 것을 망라하는 곳이다. 엠포리오 아르마니와 아르마니 진의 가격대가 착하다.

홍콩에서의 쇼핑을 더욱 특별하게 하는 장소 중 하나인 호라이즌 플라자. 이곳에만 가면 어느새 카드 한도 따위는 까맣게 잊어버리고, 나올 때는 양손 가득 쇼핑백이 들려 있게 마련이다. 정상 가격의 절반도 안 되는 '거저'나 다름 없는 아이템들을 눈앞에 두고 어찌 평정심을 찾을 수 있겠는가.

4

로드 숍

Road Shop

홍콩 쇼핑 하면 거대한 규모의 쇼핑몰이 먼저 떠오르는 건 사실이지만, 골목골목마다 숨어 있는 보석 같은 숍들을 간과해서는 안 된다. 유럽 여기저기서 골라오는 미니 드레스만 모아놓은 숍, 오랜 추억 속 아이템에 열광하는 빈티지 마니아를 위한 숍, 인심 좋은 아저씨가 열심히 흥정해 주는 조그마한 그릇 가게 등 골목을 누비며 구경하는 것만으로도 시간 가는 줄 모른다. 이런 숍들은 대부분 소호나 코즈웨이 베이, 나단 로드를 중심으로 모여 있는데, 코즈웨이 베이는 패션이 주를 이루고, 소호는 패션부터 인테리어, 액세서리까지 다양하게 모여 있고 사람이 많지 않아 걸어다니며 이곳저곳 기웃거리기 좋다. 나단 로드는 어설픈 한국어를 쓰며 접근하는 호객꾼부터 넘쳐나는 인파에 휩쓸려 다니느라 정작 쇼핑은 뒷전이 될 공산이 크다.

에이치앤엠 H&M

- 주   소 **68 Queen's Road, Central**
- 전화번호 **2110 9546**
- 홈페이지 **www.hm.com**

마돈나, 카일리 미노그, 로베르토 까발리, 빅터&롤프 등 세계적인 셀러브리티
와 디자이너와의 코퍼레이션으로 언제나 흥미로운 트렌드를 제시하고 있는 패
스트패션의 선두주자 H&M. 얼마 전 우리나라에도 매장을 오픈해서 희소성
은 다소 떨어졌지만, 우리나라에는 들어오지 않는 아이템과 콜라보레이션 라
인을 공략해 보자. H&M 역시 쇼핑 페스티벌 기간에 세일을 실시하는데, 정상
가격의 20~30% 디스카운트를 기본으로 아이템에 따라 50% 이상 세일하기도
한다. 매장에 따라 상설 할인 코너를 마련해 두는 곳도 있고, 미끼 상품으로 균
일가 아이템을 선보이기도 한다. 이번 시즌에는 엣지 있는 백과 슈즈로 명성이
높은 지미 추와의 코퍼레이션을 통해 시크한 디자인의 백과 슈즈를 선보이고
있다. 다음 시즌에는 어떤 디자이너와의 코퍼레이션 라인을 선보일지 기대가
되는 브랜드다.

이 나이에 패스트 패션에 열광하는 것이 과연 좋은 현상인지 모르겠다. H&M은 매 시즌 유행하는 트렌드를 여과 없이 보여주는 패스트 패션의 선두주자로, 퀄리티를 크게 기대하지 않는다면 가격대비 만족할 만한 쇼핑을 할 수 있는 곳이다.

SALE
30%
ON SELECTED ITEMS
SALE
50%
ON SELECTED ITEMS
Bikini top
HK$ 99
DESIGNED BY MADONNA
IN STORE MARCH 10
Dress HK$ 599
H&M
H&M

펄스&캐시미어 Pearls&Cashmere

● 주　　　소 **Shop MW1, The Peninsula Shopping Arcade, Salisbury Road, T.S.T**
● 전화번호 **2723 6032**
● 홈페이지 **www.bypac.com**

홍콩에서는 중국에서 제작하는 뛰어난 퀄리티의 캐시미어 제품을 비교적 저렴한 가격에 구매할 수 있다. 펄스앤캐시미어는 이러한 캐시미어 전문 브랜드 중 하나로, 페닌슐라 아케이드와 만다린 오리엔탈 아케이드, 퍼시픽 플레이스 세이부 백화점 등에 지점이 있다. 보드라운 캐시미어를 사용하며, 클래식한 디자인부터 트렌디한 디테일의 세련된 디자인까지 다양한 디자인과 컬러의 캐시미어 제품을 만날 수 있다. 매장의 일부 코너에는 상시 할인되는 아이템을 판매하고 있다. BYPAC 라인은 캐시미어를 사용해 트렌디하고 캐주얼하게 디자인한 라인으로 후드 카디건이나 넥 워머 같은 실용적인 아이템이 많다. 베이식한 디자인의 캐시미어 스웨터나 파시미나는 부모님 선물용으로 추천할 만하다. 한 번에 HKD8,000 이상 구매하거나 6개월 안에 HKD15,000 이상을 구매하면 VIP 카드를 발급해 주는데, VIP 회원이 되면 상시 20% 디스카운트를 받을 수 있고 생일이 있는 달에는 5% 추가 할인 혜택이 주어진다.

빈티지 HK Vintage HK

● 주　　소 **G/F, 57-59 Hollywood Road, Central**
● 전화번호 **2545 9932**

전통을 현대적인 터치로 탈바꿈시키는 데 일가견이 있는 홍콩이라는 도시에서는 트렌드가 지나면 밀란 스테이션Milan Station이나 프랑스 스테이션France Station 같은 세컨핸즈 숍에 진열되는 신세로 전락하기 일쑤다. 패션이든 레스토랑이든 뭐든 금방 싫증을 내고 마는 홍콩인들에게 빈티지는 이미 한물 간 유행, 그 이상도 이하도 아닐 것이다. 하지만 빈티지 HK의 빈티지 제품들은 고루하다기보다는 왠지 모르게 정겹고 아늑하다. 의류, 가방, 구두, 액세서리, 인테리어용품 등 다양한 빈티지 제품을 취급하고 있는 빈티지 HK는 세월의 흔적이 고스란히 담긴 클래식한 명품들과 솜씨 좋은 주인장이 만든 커스튬 주얼리를 파는 곳이다. 페라가모, 디올, 샤넬, 구찌의 빈티지 제품들은, 디자인은 다소 올드하고 상태도 썩 좋은 편은 아니지만 구경하고 있으면 당시 유행했던 시절의 추억이 살포시 떠오른다. 액세서리는 HKD100 내외이고, 구색을 맞춰놓은 클러치 백이 디자인도 괜찮고 가격도 착하다. 사용하던 물건을 가져오면 감정을 거쳐 매입을 하기도 한다.

솔 타운 Sole Town

- **주　　소** 1/F, Hang Lung Centre, 2-20 Paterson Street, Causeway Bay
- **전화번호** 2577 8303
- **홈페이지** www.soletown.com.hk

솔 타운은 다양한 슈즈와 백 브랜드만을 모은 슈즈 컨셉트 숍이다. 홍콩뿐 아니라 베이징, 상하이, 타이페이, 방콕, 도쿄 등지에도 매장이 있다. 150평 규모의 대형 쇼룸에 나인 웨스트Nine West, 스티브 매든Steve Maden, 엔조 안지올리니Enzo Angiolini, 제시카 심슨Jessica Simpson을 비롯해 나인웨스트 키즈와 컴포트화 브랜드인 이지 스피릿까지 20여 브랜드의 슈즈를 한자리에 모아두었다. 하이엔드 브랜드보다는 중가 정도의 실용적인 아이템이 많고, 정장 스타일부터 캐주얼한 디자인까지 상품 구성이 매우 다양하다. 두 개 이상, 또는 세 개 이상 구매하면 추가 할인을 해주는, 피스 세일Piece Sale을 잘해준다. IFC몰 편집숍에도 매장이 있는데, 코즈웨이 베이 숍이 가장 규모가 크고 상품도 많다. 세일 기간이 아니어도 상시 할인 코너를 마련해 두어 운이 좋으면 구두 횡재를 맞을 수 있다.

슈즈 마니아인 내가 홍콩에서
구두를 한 켤레도 사오지 않을
확률은 정확히 0에 수렴한다.
솔 타운은 합리적인 가격대에
트렌드를 정확히 짚어낸 다양한
브랜드를 보유하고 있어 언제나
슈즈 쇼핑의 정점을 맞게 하는
곳이다.

상하이 탕 Shanghai Tang 

● 주　　소　B/F&G/F, Pedder Building, 12 Pedder Street, Central
● 전화번호　2525 7333
● 홈페이지　www.shanghaitang.com

상하이 탕은 중국을 대표하는 월드 브랜드 중 하나다. 중국과 홍콩, 말레이시아, 싱가포르 등의 아시아를 넘어 미국과 프랑스, 영국, 독일, 스페인 등 유럽에까지 그 명성이 뻗어 있다. 아시안과 웨스턴에서 모인 디자이너들이 전통과 현대를 조화시킨 세련된 컬러 조합과 디자인을 선보인다. 'Chinese Chic'를 컨셉트로 중국의 전통 요소와 컬러를 사용하지만 디자인과 실용성에 있어서는 매우 모던하고 현대적이다. 중국 실크와 몽골리안 캐시미어를 사용해 고급스러운 촉감과 세련된 컬러 배리에이션이 돋보이며, 이러한 소재를 사용해 만든 치파오 드레스와 차이나 칼라 재킷이 베스트셀러다. 의류 외에도 중국 실크와 오간자 소재를 사용한 클러치 백, 머플러 등도 인기가 높다. 패브릭으로 만든 다이어리와 수첩 등의 문구류, 액자, 앨범 등 소장이나 선물용으로 적합한 아이템이 골고루 갖춰져 있다. 홍콩 시내에는 센트럴과 1881 헤리티지, 퍼시픽 플레이스, 인터컨티넨탈 호텔 아케이드, 엘리먼츠에 매장이 있고, 홍콩 공항에도 두 군데 매장이 있다.

가장 중국적이면서도 가장 세계적인 브랜드가
바로 상하이 탕이다. 붉은색이나 검정색을 사용
하지 않고서도 이토록 아름답게 중국적인 뉘앙
스를 표현했다는 것에 경이로움마저 든다.

막스앤스펜서 Maks&Spencer

● 주　　소 **B/F&1/F, Central Tower, 28 Queens Road, Central**
● 전화번호 **2921 8233**
● 홈페이지 **www.maksandspencer.com**

영국 브랜드인 막스앤스펜서는 먹거리부터 의류, 언더웨어, 바디용품까지 라이프스타일 전반에 이르는 다양한 아이템을 파는 마트형 메가 스토어이다. 솔직히 막스앤스펜서의 의류와 슈즈, 가방 등의 패션 아이템은 소재나 디자인이 매우 고루하고 나이 들어 보여서 전혀 손이 가지 않는 편. 이곳에서 추천하고 싶은 아이템은 언더웨어와 바디용품, 그리고 스타킹 종류다. 언더웨어는 기능과 체형에 따라 매우 다양한 사이즈 스펙을 자랑하는데, 특히 봉제 라인이 드러나지 않는 티셔츠 브라T-Shirts Bra와 A컵 가슴을 순식간에 C컵으로 만들어주는 푸시업 브라Push-up Bra를 강추한다. 디자인과 컬러, 사이즈에 따라 묶음 판매를 하는 심플한 디자인의 코튼 소재 팬티도 저렴하다. 데니어와 컬러, 디자인을 다양하게 보유하고 있는 스타킹도 가격 대비 만족도가 뛰어나다. 2~3개씩 묶음 판매를 하니 여행 내내 갈아 신어도 부담이 없다. 모든 언더웨어는 시착이 가능해서 자신에게 딱 맞는 사이즈를 고를 수 있다. 역시 다양함을 자랑하는 바디용품도 자극적이지 않은 순한 향과 저렴한 가격이 무기다. 침대 시트에 뿌리는 런드리 스프레이는 다른 브랜드에서는 잘 취급하지 않아 이곳에 들리면 반드시 사온다. 차분한 플로럴 향의 '차이나 블루China Blue'가 무난하다.

페더 레드 Pedder Red

● 주　　소 **64-66 Wellington Street, Central**
● 전화번호 **2118 3712**
● 홈페이지 **www.pedderred.com**

페더 레드는 페더 그룹에서 운영하는 자체 브랜드 숍으로, 명품 브랜드 제품을 조금 더 대중적인 터치로 리뉴얼한 브랜드다. 디자인 모티프를 차용했지만 소재와 디테일에 변화를 준, 쉽게 말해 패스트 패션인 자라의 백&슈즈 버전이다. 페더 그룹에서 운영하는 브랜드라 제품을 허투루 만들지 않는다는 보장이 있다. 대부분을 이탈리아와 스페인에서 제작하기 때문에 퀄리티는 나쁘지 않다. 베이식한 디자인보다는 트렌드의 정점인 디자인을 명품보다 저렴한 가격으로 구매한다고 생각하면 될 듯. 백과 슈즈 아이템 중 슈즈의 비중이 높으며, 대부분 HKD1,000 이하로 가격의 부담을 확 덜었다. 명품 카피 같은 찜찜함을 떨치긴 힘들지만, 가격 대비 퀄리티나 디자인은 괜찮은 편이다. 센트럴 외에 하버 시티와 타임 스퀘어, 랭함 플레이스 등에도 지점이 있다.

바닐라 스위트 *Vanilla Suite* 

- **주　　소 G/F, Pak Sha Road, Causeway Bay**
- **전화번호 2881 6123**
- **홈페이지 www.vanillasuite.com**

가방만큼이나 구두에 열광하는 나에게 홍콩은 구두의 천국이나 다름없다. 홍콩에서 구두 쇼핑을 할 때 내가 가장 선호하는 장소는 레인 크로포드지만, 그곳에서 마음에 드는 구두를 모두 사는 건 내 경제 사정상 불가능하기 때문에 합리적인 가격대의 스트리트 숍들도 애용한다. 홍콩에는 구두 쇼핑에 좋은 두 거리가 있는데, 한 곳은 상하이 탕의 플래그십 스토어가 있는 페더 스트리트이고, 다른 한 곳은 코즈웨이 베이의 팍샤 로드다. 팍샤 로드에 있는 슈즈 매장 중 가장 눈에 띄는 것은 홍콩 로컬 브랜드인 바닐라 스위트와 더 슈샵The Shoe Shop이다. 그 중 바닐라 스위트는 트렌디한 잇 슈즈부터 오피스 룩에 잘 어울리는 정장 구두까지 다양한 컨셉의 슈즈 컬렉션을 보유하고 있는 브랜드다. 특히 크게 유행을 타지 않는 세련된 디자인이 특징으로 컬러감이나 디테일 또한 여성스럽고 우아하다. 2켤레 또는 3켤레 이상 구매 시 추가 할인을 해주는 피스 세일을 많이 한다. 한 번에 HKD1,500 이상 또는 3개월 내에 HKD2,500 이상을 구매하면 VIP 멤버로 등록되며, HKD100 쿠폰과 상시 10% 디스카운트를 받을 수 있는 혜택이 주어진다.

현재 환율로는 할인하지 않은 대부분의 명품들은 우리나라 면세점에서 구입하는 것이 가장 저렴하다. 특히 철저하게 노 디스카운트 정책을 펼치고 있는 샤넬, 루이 뷔통, 에르메스는 프랑스 현지에서 사지 않는 한 우리나라 면세점이 무조건 가장 저렴하다. 하지만 관세법에 의해 출국할 때는 USD3,000까지 구매가 가능하지만 입국 시에는 USD400까지만 반입이 허용되기 때문에 합법적으로는 USD400 이상 제품을 구입할 수 없다. 앞서 언급한 브랜드에서 USD400 이하의 아이템이라고는 이어링이나 휴대폰 장식, 명함 케이스, 프티 스카프 정도밖에 구경하지 못할 듯.

물론 나는 면세점 쇼핑도 매우 즐기는데, 인천공항은 항상 사람이 많고 규모가 커서 둘러보는 데 시간이 많이 걸리므로, 주로 시내 면세점이나 인터넷 쇼핑을 이용한다. 롯데면세점은 규모가 크고 물건이 많은 대신 할인율이 낮거나 일본 관광객이 예쁜 아이템은 휩쓸어 가버리기 일쑤다. 그래서 나는 주로 워커힐면세점이나 신라면세점을 이용하는데, 워커힐면세점의 경우 메이저 브랜드가 부족한 대신 다양한 할인 혜택과 이벤트가 많다. 어차피 값나가는 명품 브랜드는 홍콩에서 구입하기 때문에 굳이 메이저 브랜드가 없어도 괜찮다. 워커힐면세점은 일단 지리상으로 시내에서 멀리 떨어져 있기 때문에, 상대적으로 내방객이 많지 않아 한적하다. 또한 SK그룹에 다니는 지인이나 가족의 명함을 가져가면 임직원 할인을 적용해 추가 10% 디스카운트가 가능하다. SK 직원은 구매로 인한 포인트 적립을 받아 호텔 식사권 등을 받게 되니 서로에게 일석이조. 또한 OK캐시백 적립이 가능하며, 구매 고객에 한해 무료 발레파킹 서비스를 해주고 택시를 이용한 고객에게는 3,500원까지 교통비를 지원해 준다. 신라면세점은 입점 브랜드나 제품 구성이 내 기호와 잘 맞는 편. 샤넬, 루이 뷔통, 에르메스뿐 아니라 지미 추, 보테가 베네타, 클로에, 멀버리 같은 컨템퍼러리 브랜드가 모두 입점해 있다. 역시 OK캐시백 적립이 가능하고 무료 발레파킹 서비스도 제공한다.

Living

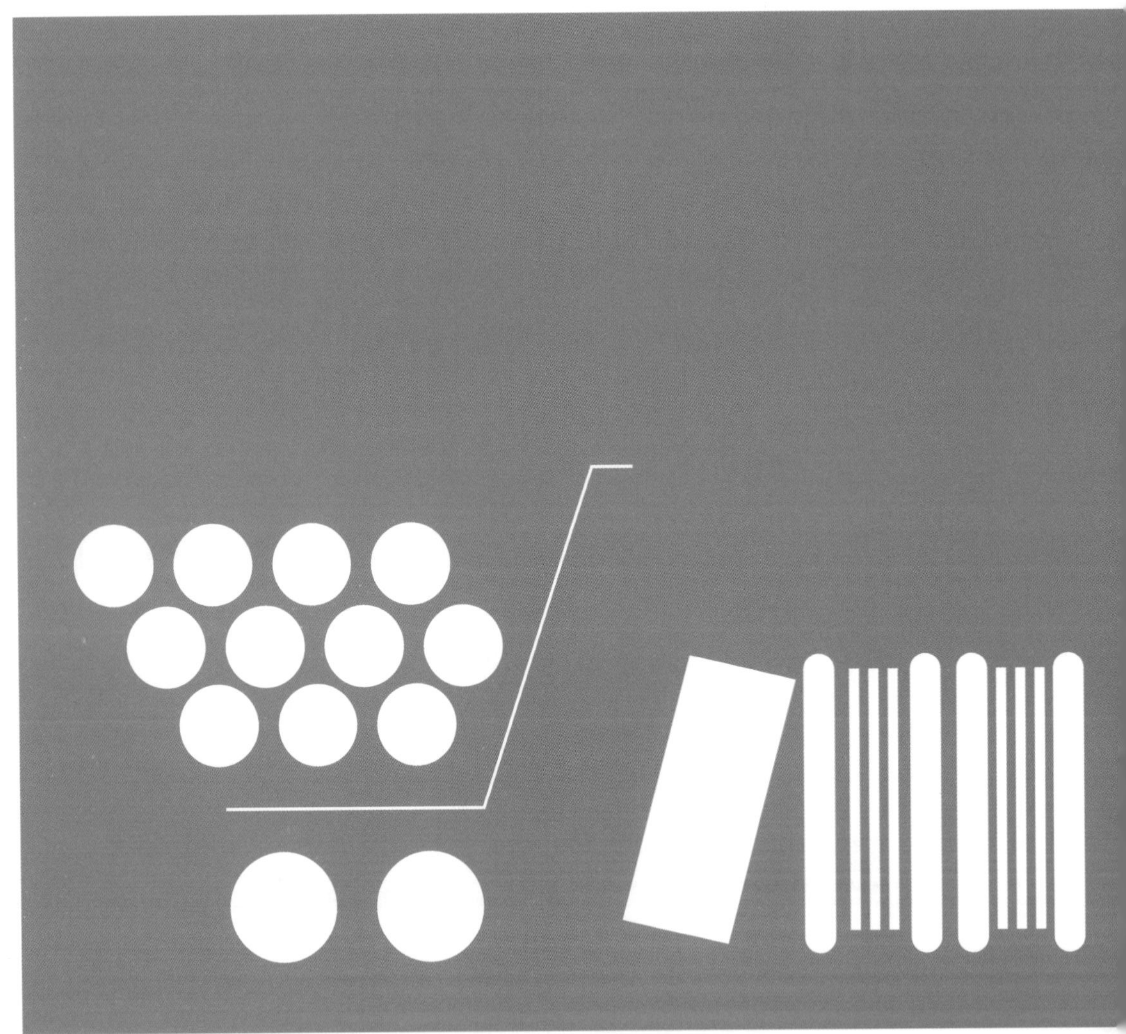

쇼핑 여행의 아기자기한 재미 중 하나는 현지 마켓 투어다. 홍콩은 도시가 가진 이미지답게

왁자지껄한 로컬 마켓보다는 깔끔하게 단장된 슈퍼마켓 쇼핑을 권한다.

홍콩의 슈퍼마켓은 작은 백화점 같아서, 감각적인 디자이너 리빙 아이템과 세련된 디자인의

문구류는 물론 별식으로 샌드위치나 그릴 요리를 즐길 수 있는 푸드 코너도 만날 수 있다.

또한 홍콩은 우리나라에 비해 와인 가격이 저렴해서

와인 마니아들은 와인 셀렉션을 위해 홍콩 여행을 계획하기도 한다.

몇몇의 와인 셀러는 우리나라에서 쉽게 구하지 못하는 와인을

여행 시기에 맞춰 구해주기도 하니 전화나 이메일로 문의할 것.

이케아(IKEA)와 GOD 등에서는 아기자기한 인테리어 소품과 키친 아이템을

저렴한 가격에 구입할 수 있어, 항상 여행가방을 차고 넘치게 만드는 주범이 된다.

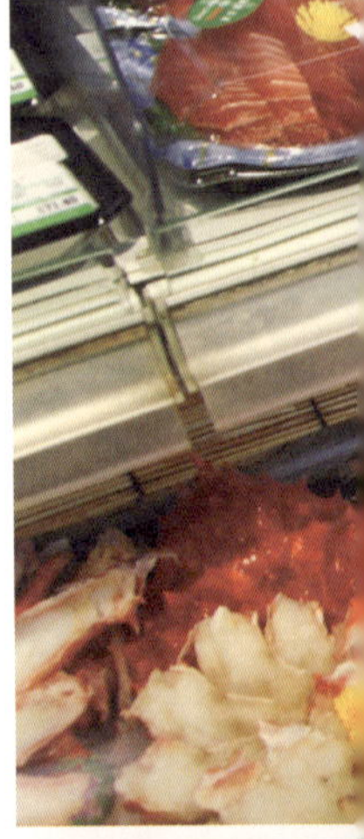

일본계 슈퍼마켓인 시티 슈퍼는 현지의 일본인 뿐 아니라 아기자기한 취향의 여성 관광객들에게 언제나 사랑받는 곳이다. 와인, 사케, 맥주의 다양한 구성과 한국에서 쉽게 만날 수 없는 치즈, 향신료들을 잔뜩 구비하고 있다.

시티 슈퍼 City'super

- **주 소** Shop 1041-1049, 1/F, IFC Mall, Central
- **전화번호** 2606 2888
- **홈페이지** www.citysuper.com.hk

일본 계열 슈퍼마켓으로 IFC몰, 타임 스퀘어, 하버 시티 등 여러 군데 지점이 있다. 우리나라에서는 구하기 힘든 일본 소스와 간식거리는 물론 각종 허브와 향신료를 두루 갖추고 있다. 치즈와 햄 전문 코너에서는 유럽 등지에서 들여온 햄과 치즈를 시식해 보고 그램당 원하는 만큼 구입할 수 있다. 또한 대규모 와인 셀러를 갖추고 있어 햄, 치즈와 함께 제대로 된 와인 세팅을 준비할 수 있다. 일본 계열답게 사케의 종류가 무척 많고 가격 또한 저렴하며, 회와 해산물 코너도 종류와 퀄리티가 뛰어나다. IFC몰의 시티 슈퍼는 식료품을 주로 취급하며, 타임 스퀘어 점은 식료품 외에 다양한 용도의 인테리어, 키친용품과 아기자기한 캐릭터로 가득한 문구 코너도 큰 규모로 운영한다.

그레이트 grEAT

- 주　　소 **B/F, Two Pacific Place, 88 Queensway, Admiralty**
- 전화번호 **2918 9986**
- 홈페이지 **www.greatfoodhall.com**

퍼시픽 플레이스에 몰인몰Mall in Mall 형태로 입점해 있는 세이부 백화점 지하에 위치한 슈퍼마켓이다. 시티 슈퍼와 마찬가지로 다양한 식료품과 키친용품을 판매한다. 이곳은 특히 파이, 샌드위치, 수프 등 다양한 메뉴의 테이크아웃 식품을 갖추고 있어, 호텔에서 먹을 간단한 간식거리를 준비하기에 좋다. 마카롱으로 유명한 르 베르나르 구테, 티 하우스인 밍차 등이 입점해 있어 쇼핑하면서 간단한 티 타임을 가질 수 있는 것도 장점. 두 곳 모두 홍콩 여행을 기념할 수 있는 선물용 제품을 다양하게 갖추고 있다. 베이커리 도구와 재료를 파는 코너가 따로 마련되어 있어 베이킹에 관심이 많은 사람이라면 들러볼 만하다.

왓슨스 와인 셀러
Watson's Wine Cellar

- 주　　소 **Shop 1, UG/F, Luk Hoi Tong Building, 31 Queens Road, Central**
- 전화번호 **2147 3641**
- 홈페이지 **www.watsonswine.com**

왓슨스 와인 셀러는 그동안 많은 매체를 통해 홍콩의 베스트 와인 스토어로 선정된 바 있다. 프랑스, 이탈리아, 칠레, 뉴질랜드 등 세계 각국에서 들여온 2,000여 종류의 와인을 보유하고 있으며, 와인 전문 코스를 수료한 스태프들이 친절하게 가이드해 준다. 홍콩은 주류세가 폐지되었기 때문에 어떤 와인이든지 우리나라에서 사는 것보다 저렴하게 구입할 수 있다. 되도록이면 우리나라에서 구하기 힘든 좋은 빈티지의 와인을 찾아볼 것. 홍콩에 도착하기 전에 전화로 원하는 와인을 구해달라고 요청할 수도 있다. 주류를 취급하지 않는 프라이빗 키친에서 식사를 할 예정이라면 이곳에 들러 음식과 잘 어울리는 와인을 추천 받으면 좋다. 센트럴과 소호, IFC몰, 퍼시픽 플레이스의 그레이트 등 홍콩 내에 12개의 지점을 보유하고 있다.

므슈 샤테 Monsieur Chatté

● 주　　소 G/F, 121 Bonham Strand, Sheung Wan
● 전화번호 3105 8077
● 홈페이지 www.mrchatte.com.hk

시간이 멈춰버린 것 같은 성완에는 올드한 마켓과 레스토랑이 많이 분포되어 있다. 대부분의 마켓에서 말린 건어물이나 건강식품 같은 중국 전통 식재료를 파는 데 반해 므슈 샤테는 오직 프랑스에서 공수한 진귀한 프랑스 요리 재료를 취급한다. 푸아 그라와 트러플, 치즈, 향신료 등 프랑스 요리를 풍성하게 하는 갖가지 재료들이 천장 높이까지 빼곡하게 진열되어 있다. 샌드위치와 빵, 샐러드, 디저트, 타르트는 물론 푸아 그라도 직접 만들어 판다. 1층은 식재료 숍, 2층은 테이크아웃 음식과 라바짜 커피를 마실 수 있는 카페로 꾸며져 있다.

스리 식스티 Three Sixty

- ● 주　　소 **Shop 1, UG/F, Luk Hoi Tong Building, 31 Queens Road, Central**
- ● 전화번호 **2147 3641**
- ● 홈페이지 **www.watsonswine.com**

럭셔리의 결정체인 랜드마크 쇼핑몰에 오픈했다는 것만으로도 센세이션을 불러일으킬 만큼 럭셔리한 오가닉 슈퍼마켓이다. 마치 도곡동 타워팰리스의 스타슈퍼 같은 느낌이다. 과일이나 야채 같은 신선 식품은 물론, 파스타나 견과류 같은 저장 식품, 맥주, 와인 같은 주류까지, 모두 유기농으로만 구비해 놓았다. 코너에 마련된 푸드 코트에서는 유기농 식재료로 만든 건강한 음식들을 맛볼 수 있다. 랜드마크와 엘리먼츠 쇼핑몰에 매장이 있다.

에콜스 ecoLS

- 주　　　소 **G&1/F, 8-10 Gough Street, Central**
- 전화번호 **3106 4918**
- 홈페이지 **www.ecols.biz**

독특한 인테리오 숍이 몰려 있는 소호의 거프 스트리트에서 가장 독특한 컨셉트로 주목받는 곳이다. 에콜스란 'Eco Lifestyle'의 약자로, 버려진 폐품들을 이용해 친환경적으로 리메이크한 제품들을 만든다. 코카콜라 빈 병을 녹여 재떨이나 액세서리 받침을 만들기도 하고 브리지가 부러진 와인 글라스로 조명을 만들기도 한다. 못 쓰게 된 의자에 컬러풀한 고무 호스를 입혀 근사한 의자를 만들기도 하고 버려진 나무를 이용해 책장이나 테이블도 만든다. 물건을 파는 스토어라기보단 재기발랄한 아티스트들의 아틀리에 같은 느낌이다. 물건을 구입하진 않더라도 한 번쯤 둘러볼 만한 곳임에 틀림없다.

프랑프랑 Francfranc 

- 주　　소 **2/F, Hang Lung Centre, 2-20 Paterson Street, Causeway Bay**
- 전화번호 **3427 3366**
- 홈페이지 **www.francfranc.com**

작고 아기자기한 일본인의 취향이 고스란히 드러나는, 일본
에서 건너온 리빙숍이다. 지난해 우리나라에도 이대 앞에
매장을 오픈했다. 하지만 우리나라에만 들어오면 가격이 이
상하게 뛰는 건 프랑프랑도 마찬가지여서, 같은 제품이라도
홍콩에서 사는 게 더 저렴하다. 비슷한 컨셉트인 이케아나
GOD보다 살짝 가격은 비싸지만 디자인은 더 다양하고 화
려하다. 20~30대 여성을 타깃으로 한 만큼 컬러풀하면서
도 걸리쉬한 디자인이 많고, 문구, 테이블 웨어, 입욕제, 캔
들 등 아이템도 딱 여성 취향이다.

GOODS OF DESIRE
JOY

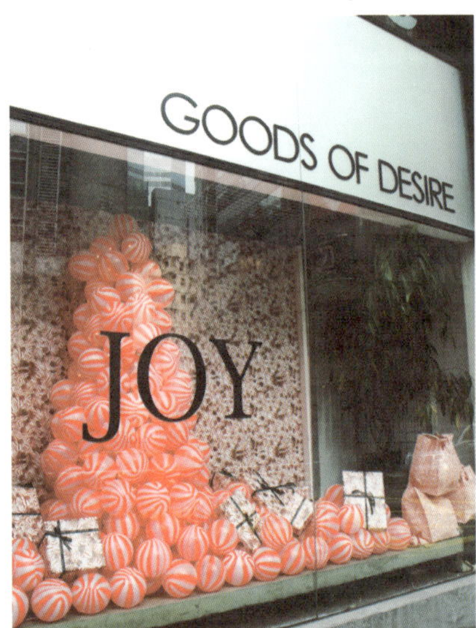

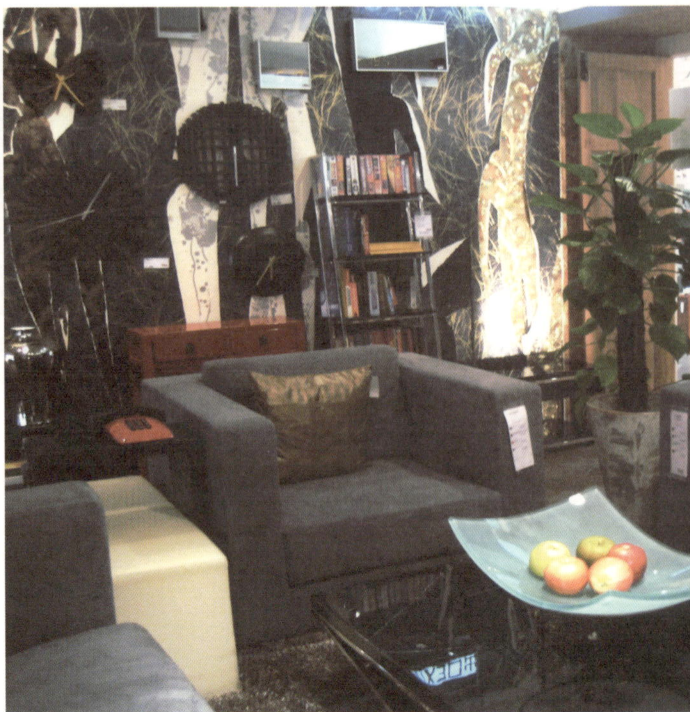

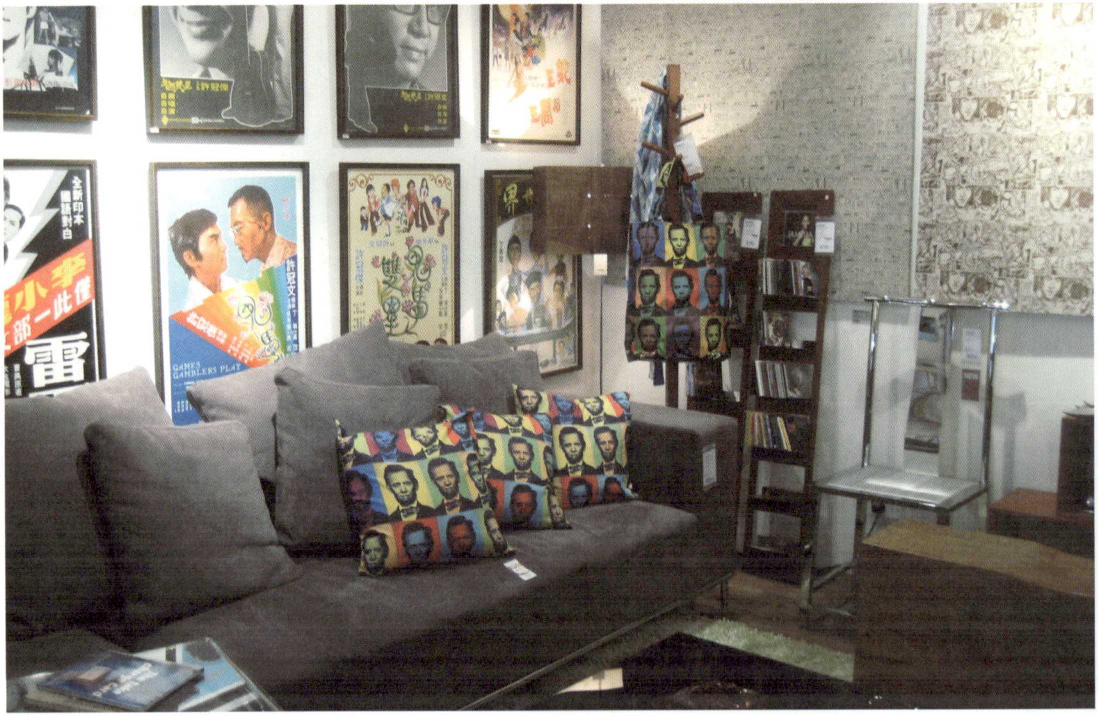
全新印本
國語對白
雷
GAMES
GAMBLERS PLAY

지오디 GOD

● 주　　　소 **1/F, Leighton Centre, Sharp Street East, Causeway Bay**
● 전화번호 **2890 5555**
● 홈페이지 **www.god.com.hk**

홍콩의 이케아라 불리는 지오디는 중국의 전통 모티프를 이용해 다양한 가구와 인테리어 소품을 만들어낸다. 중국인이 가장 좋아하는 붉은색을 이용한 디자인과, 기쁨, 장수 등의 안녕을 기원하는 한자를 모티프로 한 소품들이 많다. 마우스 패드, 패브릭 가방, 실내 슬리퍼 등 일상에서 편하게 사용할 수 있는 실용적인 아이템이 많다. 주방용품이나 전기용품들은 대부분 수입품으로 구성되어 있다. GOD 제품을 이용해 코너마다 각기 다른 컨셉트로 공간을 꾸며놓아, 제품 활용도에 대한 이해를 높였다. 이케아와 마찬가지로 가구나 조명 등 부피가 큰 제품보다는 운반이 용이한 소품 위주로 구매하는 것이 좋다. 홍콩인보다는 서양에서 온 거주자나 관광객 손님이 많은 편이다. 코즈웨이 베이와 침사추이 실버코드 쇼핑몰, 소호에 매장이 있는데, 코즈웨비 베이 점이 규모가 가장 크다.

홍콩을 대표하는 인테리어 브랜드로, 중국 전통 문양과 컬러를 현대적으로 재구성한 세련된 디자인이 돋보인다. 가구보다는 작은 소품이나 문구류가 강세다.

홈아트 Homart

- **주   소** LG/F, 81A Hollywood Road, Central
- **전화번호** 2291 6231

소호의 골목골목에는 레스토랑들이 주류를 이루지만 그냥 지나치기엔 너무나 아쉬운 아기자기한 숍들이 많이 포진해 있다. 프랜차이즈보다는 디자이너가 직접 운영하는 감각적인 숍들이 대부분. 특히 할리우드 로드와 거프 스트리트, 애버딘 스트리트를 둘러싼 사각지대에는 홈리스와 에콜스ecols, 어딕트Addict 등이 리빙 스토어 거리를 구성하고 있다. 이 골목에 위치한 홈아트 역시 다양한 인테리어 소품을 갖춘 리빙 숍으로, 액자, 벽시계, 선물용으로 좋은 열쇠고리 등을 판매한다. 특히 고풍스러운 디자인의 거울과 시계가 인기로, 비행기로 운반한다고 하면 깨지지 않도록 꼼꼼하게 포장해 준다.

이케아 IKEA

● 주　　　소 B/F, Park Lane Hotel, 310 Gloucester Road, Causeway Bay
● 전화번호 3215 0888
● 홈페이지 www.ikea.com.hk

인테리어에 조금이라도 관심을 갖고 있는 사람이라면 누구나 아는 이케아. 스웨디시 인테리어 업체인 이케아는 가구에서 소품까지 거실, 주방, 욕실, 침실 등 모든 인테리어 용품을 총망라한 창고형 숍이다. 해외에서는 실용적인 디자인과 저렴한 가격대로 인기가 높은데, 우리나라의 경우 비공식적인 루트로 판매되고 있어 가격의 거품이 상당하다. 퀄러티가 아주 뛰어나진 않지만 가격에 비하면 훌륭한 편이다. 기내 반입과 총 무게 제한이 있으므로, 큰 가구보다는 작은 소품 위주로 고르는 것이 현명하며, 독특한 디자인의 조명이나 다양한 패턴의 침구류, 실용적인 주방용품들이 추천할 만하다. 다만 전기 제품의 경우 콘센트 모양이 맞지 않으므로, 트랜스레이터를 구해오거나 한국에서 따로 구매해야 한다. 창고형 대형매장이다 보니 주로 신계, 사틴, 카우룽 베이 등 시내와 다소 떨어진 곳에 위치해 있고, 코즈웨이 베이 매장이 유일하게 시내에 위치한 매장이다. 저녁 10시 30분까지 문을 여니 마지막 쇼핑 코스로 잡는 것이 좋다.

인디고 Indigo

● 주　　소 **Shop 214-218, Prince's Building, Charter Road, Central**
● 전화번호 **2523 5561**
● 홈페이지 **www.indigo-living.com**

인디고는 홍콩 중상류층 가정에서 선호하는 인테리어 브랜드
다. 여러 가지 컨셉트의 라이프스타일을 아우르는 리빙 숍으로
리즈너블한 가격의 다양한 아이템을 만날 수 있다. 베이식하면
서도 고급스러운 디자인이 많고, 싸구려 소재를 사용하지 않아
무난하게 사용할 수 있는 제품이 많다. 침대와 의자 등의 가구
는 물론 조명, 조리 도구, 침구 등 집을 꾸미는 모든 종류의 아이
템을 구비하고 있으며, 모던, 인디언, 에스닉, 키즈 등의 세분화
된 공간의 디스플레이에서는 집 꾸미기에 대한 번뜩이는 아이
디어를 얻을 수 있다. 불상이나 한자 등 중국의 전통에서 모티
프를 얻은 재미난 소품들은 홍콩에 거주하는 외국인들이 즐겨
찾는 아이템이다. 압레이차우의 아울렛 호라이즌 플라자에 인
디고의 디스카운트 스토어가 있으니, 시간의 여유가 있다면 그
곳을 들러보는 게 좋다.

오보 Ovo

● 주　　소 **16 Queens Road East, Wan Cai**
● 전화번호 **2526 7226**
● 홈페이지 **www.ovo.com.hk**

'의식주' 중 가장 사치스러운 소비를 할 수 있는 건 바로 '주(主)'가 아닐까 싶다. 특히 패션이나 음식처럼 누군가에게 보여주지 않더라도 충분히 자기만족에 빠질 수 있는 분야가 바로 건축&인테리어다. 그래서인지 주변에 쇼퍼홀릭들을 보면 결국 인테리어나 예술품 수집 같은 '주' 쇼핑으로 귀착하는 경우가 많다. 홍콩이라고 크게 다르지 않아서, 작은 집에 살면서도 인테리어에 관심이 많은 것은 물론이요, 경제적 능력이 많아질수록 그에 대한 관심은 점점 더 높아진다. 오보는 홍콩의 인테리어 쇼핑을 위한 궁극의 장소다. 숍 내부에는 수천만 원대의 가구와 조명들이 마치 인테리어 잡지 화보처럼 우아하게 자태를 뽐낸다. 가격의 압박과 딜리버리의 불편함 때문에 쇼핑을 하진 못하더라도 홍콩 부호들의 집이 어떻게 꾸며져 있을지 상상하는 것만으로도 즐거워지는 곳이다.

- 주　　소 **G/F, 29 Gough Street, Central**
- 전화번호 **2851 1160**
- 홈페이지 **www.homeless.hk**

홈리스는 홍콩에서 가장 인기 있는 라이프스타일 숍이다. 브랜드 이름인 '홈리스'는 누군가가 자기를 픽업해 주길 바라는 집 없는 아이템들의 신세를 빗댄 뜻이라고. 2003년 야우마테이에 스튜디오를 겸한 스토어를 오픈하고 같은 해 말에 라이프스타일 백화점인 LCX와의 협력을 통해 하버 시티 LCX에 홈리스 컬렉션을 론칭하기에 이른다. 이후 소호에 플래그십 스토어를 오픈함으로써 거프 스트리트 일대를 인테리어 숍이 특화된 거리로 만드는 데 일조했다. 홈리스는 디자이너 제품과 30여 개국에서 수입하는 가구와 조명, 인테리어 제품으로 구성되어 있다. 평범한 디자인보다는 디자이너나 브랜드 컨셉트가 확실히 드러나는 개성 넘치는 디자인이 대부분이다. 영국의 'Innermost', 'Mathmos', 'Black+Blum', 프랑스의 'Domestic', 이탈리아의 'Diamantini&Domeniconti', 독일의 'Next', 네덜란드의 'Nexttime' 등 유럽 브랜드가 주를 이루고, 미국, 일본, 대만, 홍콩 브랜드가 섞여 있다. 특히 의자와 조명, 시계 컬렉션이 훌륭하다. 조명이나 시계는 부피가 그리 크지 않으니 하나쯤 구입해도 괜찮을 듯. 센트럴의 플래그십 스토어 외에 하버 시티 LCX와 코즈웨비 베이에 로드숍이 있다.

홍콩에서 만난 수많은 인테리어 숍 중 발군의 디자인을
자랑하는 곳이다. 주로 유럽에서 수입하는 가구들이 대
부분이지만 그 가구를 돋보이게 하는 인테리어 소품들은
자체 디자이너의 손길로 탄생한 것이다.

페이지 원 Page One 

- 주　　소 **Shop 922, 9/F, Times Square, 1 Matheson Street, Causeway Bay**
- 전화번호 **2506 0381**
- 홈페이지 **www.pageonegroup.com**

여행지의 서점에서 시간을 할애하는 것은 얼핏 시간 낭비일 것 같지만, 책 마니아에게 페이지 원은 그냥 지나칠 수 없는 책의 보물창고 같은 곳이다. 특히 디자인, 요리, 여행, 인테리어 등 내 취향에 꼭 맞는 흥미로운 책들이 많아, 다음 행선지로 발길이 떨어지질 않을 정도다. 월페이퍼의 시티북 시리즈, 엄선된 고급 정보만을 담은 럭스 등 포켓 사이즈의 여행책도 유용하다. 패션, 인테리어, 그래픽 등 각 분야의 디자이너들이 즐겨 찾는 곳이기도 하다.

다이목스 Dymocks

- **주　　소 Shop 2007 - 11, Level 2, IFC Mall, 1 Harbour View Street, Central**
- **전화번호 2117 0360**
- **홈페이지 www.dymocks.com**

호주 출신의 프랜차이즈 서점인 다이목스는 홍콩에만도 10개 이상의 매장을 보유하고 있을
만큼 홍콩에서 가장 대중적이고 접근성이 좋은 서점이다. 여행 관련 서적을 다양하게 구비하
고 있어서, 여행마니아인 나에게 더없이 좋은 놀이터가 된다. 셀 수 없을 만큼 많은 장서를
보유하고 있지만 섹션 별로 찾아보기 쉽게 정리되어 있어 원하는 서적을 찾기에 용이하다.
우리나라에 들어오지 않는 책이 많고 소장 가치가 높은 베스트셀러나 희귀본도 다량 확보
하고 있다.

아르마니 리브리 Armani Libri 

● 주　　소 **Shop 115, 1/F, Chater House, 11 Chater Road, Central**
● 전화번호 **2532 7728**

아르마니 하우스라 불리는 차터 하우스에 위치한 아르마니 서점이다. 규모도 작고 구비하고 있는 서적의 양도 적어서 다른 아르마니 숍에 들렀다가 잠깐 구경하는 정도로 충분하다. 주로 디자인 관련 서적이 많고, 다른 서점에 없는 독특한 책이 많아 아이디어 충전용으로도 좋다.

프린츠 Prints

- 주　　소 **Shop 230, Prince's Building, Central**
- 전화번호 **2345 6789**

싱가포르 브랜드인 프린츠는 편지지와 봉투, 카드, 앨범, 포장지 등의 다양한 종이 아이템을 갖추고 있는 문구 전문점이다. 라코스테 피케 셔츠처럼 다양한 컬러 배리에이션의 편지지와 봉투 세트는, 아날로그 시절로 돌아간 듯 왠지 편지를 쓰고 싶게 만드는 묘한 향수를 불러 일으킨다. 생일, 출산, 결혼 등 다양한 테마의 카드를 구비하고 있어 각종 기념일을 챙기기에 좋다. 심플한 디자인의 앨범도 인기가 높다.

Part 5 # Enjoy it

홍콩은 서구화된 동양인과 엑조틱한 외국인들이 공존하는 도시. 홍콩의 나이트라이프를 가장 신나게 즐기는 방법은 란콰이펑Lan Kwai Fong으로 가는 것이다. 현지인에서 주재원, 관광객까지, 밤이면 밤마다 발 디딜 틈이 없다. 란콰이펑의 펍과 바, 레스토랑들은 길을 따라 오픈 테라스로 늘어서 신나는 음악을 공유하면서 동이 틀 때까지 끈적한 분위기를 이어간다.

대부분의 바와 클럽들은 평일 저녁, 또는 주말까지
도 한정된 시간 동안 해피 아워(Happy Hour)를 실시
한다. 해피 아워란 오후 5시 또는 6시부터 바빠지기
전인 9시 전후로 모든 주류를 50% 디스카운트 해주
는 제도다(음식도 해당되는 경우가 있음). 조금 이른 시
간이라 피크 타임보다 흥청거리는 맛은 없지만, 절반
가격에 양껏, 기분껏 술을 마실 수 있는 이점이 있다.
클럽에 가기 전 워밍업 드링크로 딱. 클럽의 피크 타
임은 밤 12시부터 새벽 2시 정도로, 해피 아워를 맘
껏 즐긴 후 10~11시부터는 슬슬 클럽으로 이동하는
것이 좋다.

내가 홍콩에 가기 전 반드시 확인하는 사이트 중 하
나인 홍콩클러빙닷컴. 이 사이트에서는 각종 파티와
클럽 디제이 정보를 실시간으로 알려주며, 최고의
클럽을 가늠하는 투표를 실시하고 있어 현재 가장
핫한 클럽 정보를 얻을 수 있다. 또한 바와 클럽에
대한 대략적인 정보와 함께 멤버십 가입 또는 예약
등을 할 수 있는 정보를 제공한다. 자유로운 형식으
로 올라와 있는 클럽과 파티 후기를 보는 것도 홍콩
클럽에 대한 기대를 더한다. 레이디스 나이트(Ladies
Night)나 테마 파티(Theme Party) 등 각종 파티 정보
가 넘쳐나므로 홍콩을 방문하는 날짜에 맞는 파티를
찾아볼 것.

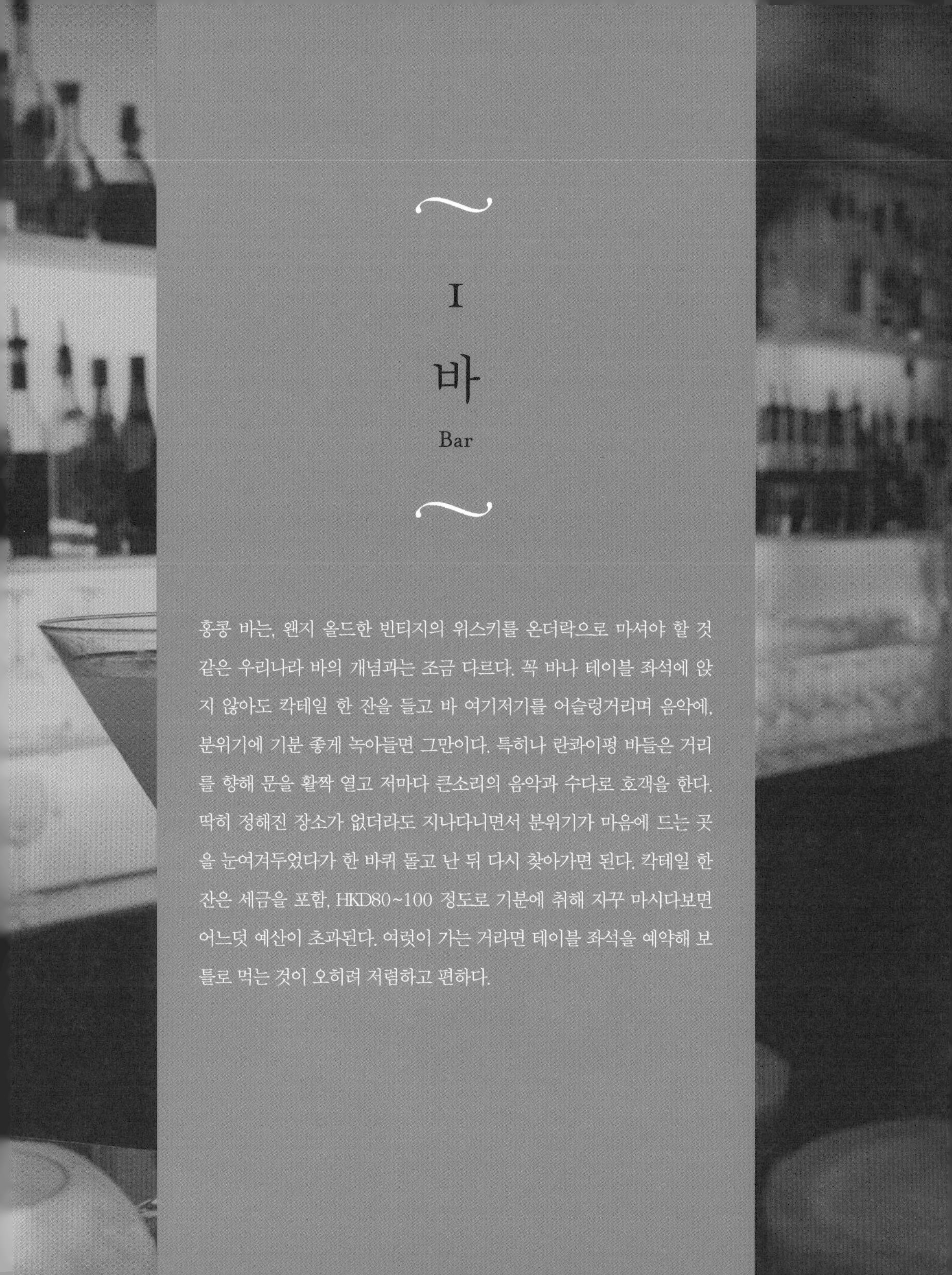

I
바
Bar

홍콩 바는, 왠지 올드한 빈티지의 위스키를 온더락으로 마셔야 할 것 같은 우리나라 바의 개념과는 조금 다르다. 꼭 바나 테이블 좌석에 앉지 않아도 칵테일 한 잔을 들고 바 여기저기를 어슬렁거리며 음악에, 분위기에 기분 좋게 녹아들면 그만이다. 특히나 란콰이펑 바들은 거리를 향해 문을 활짝 열고 저마다 큰소리의 음악과 수다로 호객을 한다. 딱히 정해진 장소가 없더라도 지나다니면서 분위기가 마음에 드는 곳을 눈여겨두었다가 한 바퀴 돌고 난 뒤 다시 찾아가면 된다. 칵테일 한 잔은 세금을 포함, HKD80~100 정도로 기분에 취해 자꾸 마시다보면 어느덧 예산이 초과된다. 여럿이 가는 거라면 테이블 좌석을 예약해 보틀로 먹는 것이 오히려 저렴하고 편하다.

아르마니 바 Armani Bar HK

- 주　　소 **2/F, Chater House, 11 Chater Road, Central**
- 전화번호 **2805 0028**
- 영업시간 **18:00-22:30**

홍콩의 아르마니 빌딩이라 불리는 차터 하우스에 위치한 아르마니 바는 도심 속의 한줄기 빛과 같이, 촘촘하게 늘어선 빌딩숲에서 시크한 휴식을 즐길 수 있는 최적의 장소다. 아르마니 특유의 모던하고 간결한 인테리어가 돋보이는 곳. 차터하우스 또는 근처 빌딩의 오피스에서 일하는 금융맨이나 비즈니스맨들이 많이 찾는 곳으로, 분위기도 고급스럽고 어른스럽다. 코즈모폴리턴이나 진토닉 등 칵테일이 특히 맛있다.

아주르 Azure

- **주　　소** 29&30/F, Hotel LKF by Rhombus, 33 Wyndham Street, Lan Kai Fong, Central
- **전화번호** 3518 9330
- **영업시간** 18:30-23:00

란콰이펑을 대표하는 두 길, 다퀄레라 스트리트와 윈담 스트리트는 LKF호텔이 있는 LKF 타워를 통해 이어진다. LKF 타워에는 LKF 호텔 외에 다양한 컨셉트의 레스토랑과 바가 있는데, 동네 분위기만큼 세련된 인테리어와 수질을 자랑한다. LKF 호텔의 꼭대기 층에 있는 아주르는 이 재미나고 복작스러운 동네를 한눈에 굽어보는 테라스를 가진 근사한 바다. 인터내셔널 퀴진을 내는 셰프의 솜씨도 수준급이고 와인 가격도 리즈너블하다.

블루 바 Blue Bar

- **주　　소** G/F, Four Seasons Hotel, 8 Finance Street, Central
- **전화번호** 3196 8830
- **영업시간** 12:00-01:00(Sun-Thu), 12:00-02:00(Fri-Sat)

IFC빌딩과 연결된 포시즌스 호텔에는 호텔의 명성에 걸맞는 다수의 레스토랑을 보유하고 있다. 포시즌스 호텔 1층에 위치한 블루 바는 이름처럼 온통 파란색으로 둘러싸인 공간으로, 바다 한가운데서 술을 마시는 것 같은 묘한 기분을 갖게 하는 곳이다. 포시즌스 호텔의 자랑거리인 하버 뷰 전망이 뛰어나며, 호텔 바여서 그런지 혼자라도 크게 불편하지 않은 분위기다. 이 호텔에서 투숙을 한다면 저녁식사 전에 가벼운 칵테일 한잔 하러 들르면 좋겠다.

지 바 G Bar

- ● 주　　소 **Shop 2075, Podium Level 2, Two IFC, 8 Finance Street, Central**
- ● 전화번호 **2805 0566**
- ● 영업시간 **12:00-23:30**

IFC몰에는 수준급 레스토랑은 많지만 상대적으로 온전하게 술을 마실 수 있는 공간은 흔치 않다. 특히 쇼핑몰 내부에 있는 바라면 오가는 사람들의 발걸음 소리와 답답함 때문에 마음 편하게 맥주 한 잔 마시기도 힘들 듯. 지 바는 IFC몰에 있지만 이런 불편함을 하나도 느끼지 않을 수 있는 최상의 위치에 있다. IFC몰의 가장 위층에 하버가 바라보이는 야외 공간에 자리 잡은 지 바는, 특히 강바람이 선선하게 불어오는 봄가을, 테라스에 앉는 것이 가장 좋다. 에이치원, 할란스 같은 파인 다이닝 레스토랑과 같은 계열사로 와인 리스트도 훌륭하다.

해비타트 라운지 Habitat Lounge

● 주　　소 **29/F, QRE Plaza, 202 Queen's Road West, Wan Chai**
● 전화번호 **2907 0888**

새롭게 떠오르는 구어메 지역인 완차이에 새로운 랜드마크로 우뚝 선 QRE 플라자는 세계 각국의 맛을 모두 모은 레스토랑의 집결지라고 할 수 있다. 새로 생긴 지 얼마 안 되는 건물인 데다 최근 트렌드의 중심인 완차이에, 그것도 완차이 한복판에 생긴 빌딩이니 입점해 있는 레스토랑의 수준도 모두 중상 이상이다. 그런 레스토랑들을 물리치고 이 빌딩에서 가장 주목해야 할 곳은 다름 아닌 해비타트 라운지다. 빌딩 루프탑에 자리잡은 해비타트 라운지는 천장이 뚫린 구조로 실내에서 다이렉트로 홍콩 하늘을 바라볼 수 있는 유일한 장소이기도 하다. 분위기는 어두컴컴한 편이지만, 그래서인지 남들 눈 신경 쓰지 않고 자유롭게 술 마시며 장시간 수다 떨기 좋다.

오이스터&와인 바 Oyster&Wine Bar

- **주　　소** 18/F, Sheraton Hong Kong Hotel&Tower, 20 Nathan Road, T.S.T., Kowloon
- **전화번호** 2369 1111(ex.3145)
- **영업시간** 18:00-01:00

홍콩의 야경은 뭐니뭐니 해도 침사추이에서 홍콩섬을 바라보는 것이 가장 이상적이다. 스타의 거리(연인의 거리)를 산책하며 바라보는 야경도 근사하지만, 여름에는 채 5분도 지나지 않아 온몸이 땀 범벅이 되고 야경의 낭만은 사라질 것이다. 그럴 때 가장 좋은 방법은 침사추이의 전망 좋은 바로 대피하는 것이다. 그럴 때 가장 좋은 장소로는 인터컨티넨탈 호텔의 라운지와 쉐라톤호텔의 오이스터&와인 바가 있다. 둘 다 둘째 가라면 서러울 정도로 판타스틱한 전망을 가지고 있는 곳으로, 인터컨티넨탈 호텔 라운지보다는 오이스터&와인 바가 술 마시기엔 더 적합한 장소다. 이름 그대로 일년 내내 싱싱한 굴을 안주 삼아 와인을 마실 수 있으며, 20개가 넘는 와인에는 스탑퍼 장치가 있어 원하는 와인을 잔으로 마실 수 있다.

살롱 드 닝 *Salon de Ning* 

- ● **주　　소** **B/F, The Peninsula Hong Kong, Salisbury Road, T.S.T., Kowloon**
- ● **전화번호** **2315 3355**
- ● **영업시간** **18:00-02:00(Mon-Sat), Closed Sun**
- ● **홈페이지** **www.salondening.com**

아쿠아 펠릭스를 제외하고 갈 곳이 마땅치 않은 침사추이에 새롭게 오픈한 라운지 바. 1930년대 상하이 사교계를 주름 잡던 마담 닝Madame Ning의 공간이라는 독특한 테마로 시작한 살롱 드 닝은, 여행을 즐겼던 그녀의 기념품으로 각 공간을 꾸몄다. 특히 아프리카와 모로코 스타일의 인테리어가 이국적이고, 홀 한가운데 놓인 스테이지에서는 밴드의 라이브 공연이 이어진다. 테마 룸에 앉아 마담 닝의 취향을 감상하며 우아하게 샴페인을 기울인다면 가장 어울릴 만한 곳이다.

홍콩의 핫스폿이 모두 모인 란콰이펑은 퀸즈로드와 연결되는 다귈레라 스트리트에서 시작한다. 다귈레라 스트리트는 란콰이펑 중에서도 가장 대중적이고 관광객이 즐겨 찾는 거리다. 길 양쪽으로 빽빽이 들어선 바와 레스토랑을 따라가다 보면 오른쪽에 거대한 LKF 타워를 마주치는데, 계단을 따라 올라가면 란콰이펑의 또 다른 메인 스트리트인 윈담 스트리트를 만나게 된다. 윈담 스트리트는 다양한 레스토랑과 바가 밀집한 거리로, 드래곤 아이나 프리베 같은 멤버십 클럽과 길거리를 따라 아웃도어 드링크를 할 수 있는 자유로운 형식의 바가 줄지어 서 있다. 이곳의 바들은 청담동 레스토랑처럼 자주 바뀌기 때문에 되도록 사람들이 많이 몰려 있는 곳에 들어가서 술을 한 잔 주문하고 거리 쪽으로 나와 자연스럽게 어울리면 된다.

Finds

다귈레라 스트리트와 윈담 스트리트를 잇는 란콰이펑의 중심, LKF 타워에 위치한 레스토랑 겸 바다. 스칸디나비안 스타일의 음식도 훌륭하고 테라스에 앉아 란콰이펑 거리를 내려다보며 칵테일 한잔 하는 재미도 쏠쏠하다.

- 주　　소 **2/F, LKF Tower, 33 Wyndham Street, Central**
- 전화번호 **2521 6600**

Solas

홍콩 클럽의 오랜 터줏대감인 드래곤 아이(Dragon-i) 아래층에 위치한 바. 멤버십 클럽인 프리베 바로 옆에 위치해 있다. 사람들이 바의 바깥쪽 대로변에 나와 술을 마시며 클럽 가기 전 워밍업을 한다.

- 주　　소 **G/F, The Centrium, 60 Wyndham Street, Central**
- 전화번호 **3162 3710**

Di Vino

이탈리아어로 와인을 뜻하는 디 비노는 1층은 간단한 스낵과 드링크를 할 수 있는 바로, 2층은 캐주얼한 이탈리안 레스토랑으로 운영된다. 이탈리안 와인을 저렴한 가격에 마실 수 있는 곳이다.

- 주　　소 **G/F, 73 Wyndham Street, Central**
- 전화번호 **2487 8333**

Wagyu

윈담 스트리트에서 가장 사람이 많은 곳을 꼽으라면 단연 솔라스와 와규를 들 수 있다. 이곳은 유러피언 퀴진을 내는 레스토랑과 바를 함께 운영한다. 멤버십 클럽을 가운데 두고 왼쪽은 솔라스, 오른쪽은 와규 바가 위치해 있다.

- 주　　소 **G/F, 60 Wyndham Street, Central**
- 전화번호 **2525 8805**

빅토리아 하버를 가운데 두고 카우룽 반도와 홍콩섬이 나뉜 모양새는 마치 한강을 기점으로 나뉜 서울의 강북, 강남의 모습과 흡사하다. 그래서인지 카우룽 반도의 중심인 침사추이와 홍콩섬의 중심인 센트럴은 서울의 명동과 청담동으로 쉽게 비유되곤 한다. 비단 지형적으로만 그런 것은 아니다. 지역의 분위기나 주민들의 생활 수준도 비슷하게 매치된다. 홍콩섬의 나이트라이프는 단연 란콰이펑이 중심이다. 다귈레라 스트리트(D'Aguilera Street)를 중심으로 한 블록 위인 윈담 스트리트(Wyndham Street)로 이어지는 길을 따라 센트럴의 바 50%가 빼곡히 몰려 있다. 주중에는 다소 한가하지만 주말에는 현지인, 관광객 할 것 없이 거리를 가득 메운다. 란콰이펑에는 주로 홍콩에서 생활하는 금융인이나 비즈니스맨 등 서양인의 비율이 높은 편이고, 엘리트 홍콩 현지인들이 대부분이다. 반면 침사추이의 란콰이펑이라 할 수 있는 넛츠포드 테라스는 클럽보다는 레스토랑과 바 중심이다. 세련되고 패셔너블하다기보다는 편한 차림으로 캐주얼하게 즐기기 좋은 정도. 침사추이 쪽의 호텔이 저렴하고 민박이나 게스트하우스가 많아서인지 젊고 발랄한 배낭여행족이나 나이 든 노부부가 많은 편. 홍콩의 나이트라이프를 '제대로' 경험하고 싶다면 주저 말고 란콰이펑으로 달려가는 게 낫다.

Lan Kwai Fong

클럽 복장과 애티튜드

홍콩의 밤은 너무 유명해서 오래된 가요에도 등장할
정도다. 물론 '별들이 소곤대는 홍콩의 밤거리'를 기대
하기에 지금의 홍콩은 너무나 활기차고 열정적이다.
주말에 란콰이펑이나 소호에 간다면 관광객 티가 팍팍
나는 티셔츠와 플랫슈즈보다는 바디라인을 근사하게
드러내는 원피스와 오래 서 있어도 불편하지 않을 정
도의 하이힐을 준비해야 한다. 바나 클럽에서 술을 마
실 때 누군가가 술을 사겠다고 하면 가벼운 인사와 함
께 잔을 받아드는 것이 세련된 응대법이다. 치한이라
도 만난 마냥 손사래를 치며 쭈뼛거리는 건 오히려 우
스꽝스럽다. 가벼운 대화를 나누면서 자연스럽게 분
위기를 즐기면 된다. 혹시 아는가, 홍콩에서 운명 같은
인연을 만나게 될지…….

2

클럽

Club

홍콩 클럽은 우리나라 나이트 클럽과 홍대 클럽이 적당히 믹스된 분위기로, 대부분이 란콰이펑 일대에 위치해 있으며 디제이의 유명도와 클러버의 수준에 따라 등급이 매겨진다. 대부분의 잘나가는 클럽은 멤버십 전용인 경우가 많아 허름한 관광객이나 어리버리한 현지인들이 드문 편인데, 세계적으로 경기가 안 좋아지면서 홍콩도 타격을 많이 받아서인지 멤버십 클럽이라도 제한이 다소 느슨해진 편이다.

부티크 호텔이나 인터내셔널 호텔에 묵는다면 컨시어지를 통해 예약하는 것이 가장 확실하다. 홍대 클럽 데이처럼 주말에는 여러 클럽을 이동하는 클러버들이 많고 주중에는 수요일에 사람이 많은 편. 입장료를 받거나 멤버십만 입장할 수 있는 곳도 있지만 입구에서 물어볼 때 친구들이 먼저 들어가 있다고 둘러대거나 입구를 지키는 가드에게 잘 말하면 통과시켜 주기도 한다. 다만, 이 방법이 통하려면 시크하면서도 글래머러스한 룩은 필수.

드래곤 아이 Dragon-I 

- 주　　소 **UG/F The Centrium, 60 Wyndham Street, Central**
- 전화번호 **2315 3355**
- 영업시간 **18:00-02:00(Mon-Sat), Closed Sun**
- 홈페이지 **www.salondening.com**

홍콩의 클래식한 클럽의 전형이다. 붉은 휘장과 조명, 넓은 테라스와 부스, 바, 댄스 플로어 등 없을 것 없이 다 갖춘 정직한 클럽이다. 초창기에는 유덕화나 장쯔이 같은 유명 셀러브리티와 모델들이 주로 방문해 인기를 모았지만, 몇 년 전부터는 일반인이나 관광객들을(차림새가 나쁘지 않으면) 받아들이면서 분위기가 다소 덤덤해졌다는 평이다. 그래도 여전히 윈담 스트리트의 터줏대감으로 많은 사람들이 찾는 곳 중 하나다. 점심에 와서 딤섬을 즐기는 것도 클러빙과 색다른 만족감을 느낄 수 있다.

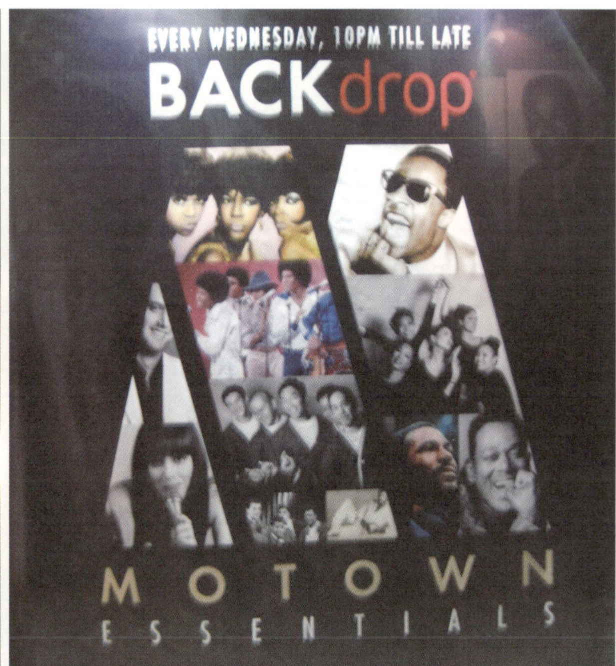

드롭 Drop

- 주　　소 **B/F, On Lok Mansion, 39-43 Hollywood Road, Central**
- 전화번호 **2543 8856**
- 홈페이지 **www.drophk.com**

란콰이펑의 바나 클럽의 뜨거웠던 열기가 한풀 꺾일 때쯤, 그때까지 살아남은 파티고어들이 하나 둘 모여드는 장소가 바로 드롭이다. 드롭은 란콰이펑에서 살짝 비껴 있는 지리적 위치 때문인지 관광객이나 뜨내기 손님이 별로 없고 현지인이나 셀러브리티들이 즐겨 찾는 곳이다. 밤 12시부터 2시까지, 다른 클럽에서 각개전투로 뿔뿔이 흩어져서 술과 음악을 즐기던 사람들이 모여 체력이 방전될 때까지, 한층 더 뜨거운 열기를 이어간다. 멤버십 클럽이지만 오후 11시까지는 일반 손님의 출입을 허용하니, 이곳에 관심이 있다면 조금 서둘러 착석하는 것이 좋겠다.

헤일로 Halo

- 주　　소 **LG/F, 10-12 Stanley Street, Central**
- 전화번호 **2810 1274**
- 영업시간 **19:00-04:00**

란콰이펑 초입에, 작은 골목 안에 숨어 있는 아늑한 클럽이다. 이런 곳에 클럽이 있을까 싶을 정도로 한적한 골목에, 간판이나 안내도 없이 어둡게 처리된 유리문이 열리고 닫힐 때마다 시끄러운 음악 소리로 클럽임을 짐작할 뿐이다. 입구에 들어서 나선형 계단을 따라 내려가면 둥근 바 너머로 플라워와 샹들리에로 장식된 코지한 분위기의 홀이 나타난다. 바에서는 가벼운 칵테일을, 테이블에서는 보틀을 주문하는 게 일반적. 낯 모르는 사람과 자연스럽게 어울리는 분위기보다는 아는 사람끼리 와서 그룹으로 노는 분위기다.

키 클럽 *Kee Club*

- **주　　소** 6/F, 32 Wellington Street, Central
- **전화번호** 2810 9000
- **영업시간** 10:00-23:00(Mon-Thu), 10:00-04:00(Fri-Sat)
- **홈페이지** www.keeclub.com

2001년에 오픈한, 홍콩 멤버십 클럽의 원조격이라 일컬어지는 키 클럽은 관광객들에게 유명한 거위 레스토랑인 융키Yun Kee와 같은 건물에 위치해 있다. 복층으로 된 구조로, 아래층은 위층에 비해 다소 한적한 편. 페닌슐라, 그랜드 하얏트, 지아 홍콩의 투숙객들은 호텔 컨시어지를 통해 예약이 가능하고, 맥시멈 인원은 6명이다. 오후 시간에는 딤섬 런치를 제공하고, 저녁 10시까지는 엘 부이El Bulli, 더 팻덕The Fat Duck 등 미슐랭 스리스타 레스토랑에서 경력을 쌓은 지안루이지 보넬리Gianluigi Bonelli 셰프의 정찬을 맛볼 수 있다. 평일에는 고급스러운 레스토랑이었다가 금요일과 토요일에는 세련된 클럽으로 변신한다.

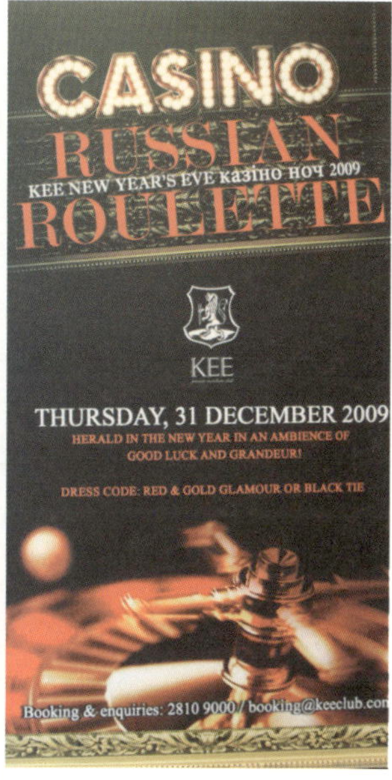

민트 M1NT

- ● 주　　소 **G&1/F, 108 Hollywood Road, Central**
- ● 전화번호 **2261 1111**
- ● 홈페이지 **www.m1nt.com.hk**

란콰이펑에 비해 발길이 다소 뜸한 할리우드 로드
에 위치해 있는 민트는 지리적 핸디캡에도 불구하
고 빽빽하게 들어선 사람들의 머릿수로 클럽의 번
창함을 증명한다. 하지만 입장료와 까다로운 출입
제한 때문인지 예전만큼 북적이지는 않는다. 클러
버들의 수질과 분위기의 기복이 심한 편이지만,
날을 잘 만나면 그 어느 곳보다 신나는 클러빙을
즐길 수 있다. 여럿이 간다면 매그넘 테이블에 앉
아, 모엣 샹동 매그넘으로 홍콩의 주말을 자축하
는 것도 좋을 듯.

프리베 Prive

● 주　　소　**G/F, 60 Wyndham Street, Central**
● 전화번호　**2810 8199**
● 홈페이지　**www.prive.hk**

'Private'이라는 뜻을 가진 프랑스어 프리베는, 이름 그대로 멤버십 회원이 프라이빗하게 이용할 수 있는 클럽이다. 하지만 경기 탓인지 멤버십 전용의 경계가 느슨해져서 이곳도 예전만큼 빡빡하게 굴지 않는다. 다른 클럽보다 한국인들을 많이 접했던 걸 보면 프리베는 의외로 한국인에게 관대한 클럽인지도 모르겠다. 바와 댄싱 홀이 있는 아래층, 부스와 테이블 좌석이 있는 복층 구조로 되어 있고, 테이블 좌석은 예약이 없는 한 자유롭게 이용할 수 있다. 부스 좌석을 잡으려면 일정 금액 이상의 술을 주문해야 한다.

볼라 Volar

- ● 주　　소 **B/F 39-44 D'Aguilar Street, Lan Kwai Fong**
- ● 전화번호 **2810 1272**
- ● 홈페이지 **www.volar.com.hk**

홍콩의 클럽 중 출입이 가장 까다로운 곳이 드롭과 볼라다. 란콰이펑 한복판에 있는 곳임에도 입구는 잘 드러나지 않지만, 덩치 큰 가드 앞으로 길게 늘어선 줄을 찾는다면 그곳이 바로 볼라일 것이다. 컴컴한 계단을 따라 지하로 내려가면 어깨를 부딪히지 않고는 도저히 지나갈 수 없을 만큼 많은 사람들의 인파에 섞이게 된다. 이리저리 휩쓸려 가다 보면 다양한 테마의 음악이 흐르는 서로 다른 공간을 마주치게 된다. 라운지, 힙합 등 트렌디한 음악이 귀에 익고, 이곳저곳 몸 가는 대로 흥청거리기엔 최적의 장소다.

오픈한 지 수 년이 지났지만 여전히 홍콩 클럽의 수성을 지키고 있는 볼라. 입장이 까다로운 만큼 수질은 확실하게 보장된다. 운이 좋으면 생일 파티를 즐기고 있는 홍콩 영화배우들을 만날 수도 있다.

Part 6 # Relax it

계속되는 쇼핑과 나이트라이프에 지친 몸과 마음을 위로하는 데는 마사지만한 게 없다. 여느 동남아시아 나라들처럼 홍콩도 마사지 문화가 일반화되어 있는 편. 값비싼 호텔 스파부터 합리적인 가격의 부티크 스파까지 본인의 지갑 사정이나 취향에 따라 입맛에 맞게 고를 수 있다. 스파는 여행 첫날보다 과음한 다음 날 오전이나 여행 마지막 일정에 넣을 것을 추천한다.

I

호텔 스파

Hotel Spa

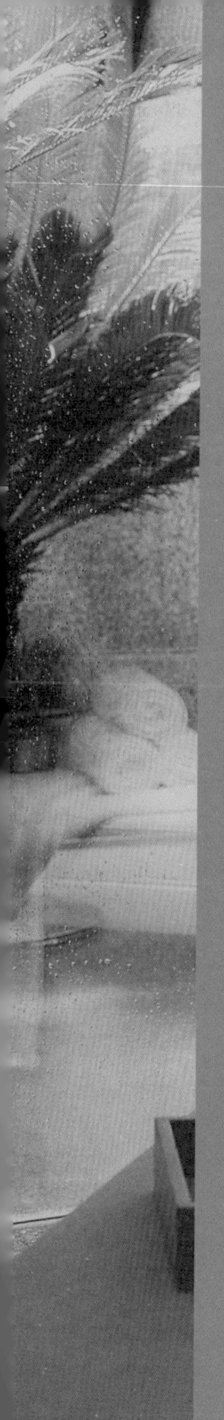

이왕 돈 쓰기로 작정하고 온 홍콩이라면 스파도 조금은 호사스럽게 초이스해 보면 어떨까. 물론 일반 마사지숍보다는 엄청나게 비싸지만, 우리나라 호텔 스파에 비하면 별 차이가 없다. 호텔 스파는 비싼 만큼 최고의 시설과 서비스를 자랑하며 스웨디시, 딥 티슈, 핫 스톤, 비쉬 등 셀 수 없을 만큼 다양한 프로그램을 갖추고 있는 것이 장점. 호텔 스파를 이용하기 위해서는 반드시 최소 하루 전에 예약을 해야 하고, 아무런 연락 없이 취소할 경우 패널티를 적용하는 경우도 있다.

만다린 스파 The Mandarin Spa

- ● 주　　소 **1/F, Mandarin Oriental Hong Kong, 5 Connaught Road, Central**
- ● 전화번호 **2825 4888**
- ● 영업시간 **10:00-23:00(Mon-Fri), 09:00-23:00(Sat-Sun)**
- ● 홈페이지 **www.mandarinoriental.com/hongkong**

만다린 스파는 일본풍의 젠 스타일에 1930년대 상하이 터치가 가미된 인테리어가 특징. 트래디셔널 차이니즈 마사지 외에 스웨디시, 타이는 물론 홍콩 최초의 인도식 힐링 스파인 아유르베다 프로그램을 추가했다. 페이셜, 보디, 풋 등 원하는 부위만 골라서 마사지를 받을 수 있으며, 물을 이용한 비쉬Vichy 트리트먼트 코스를 다양하게 갖추고 있다. 개인 스팀 샤워와 욕조를 구비한 여덟 개의 프라이빗룸 외에 아시안 스타일의 재스민Jasmine, 웨스턴 스타일의 쿠쿠이Kukui 스위트를 갖추고 있다. 자연에서 추출한 천연 성분의 자체 코즈메틱 제품을 사용해 자극적이지 않은 편안함이 느껴진다.

더 스파 The Spa

- **주　　소** **Four Seasons Hong Kong, 8 Finance Street, Central**
- **전화번호** **3196 8900**
- **영업시간** **08:00-23:00**
- **홈페이지** **www.fourseasons.com/hongkong**

포시즌스 호텔에 위치한 더 스파는 투숙객 중 비즈니스맨의 비율이 높은 편이라 남성용 프로그램을 다양하게 갖추고 있는 것이 특징이다. 4개의 스파 스위트를 포함, 모두 17개의 프라이빗룸을 갖추고 있다. 스파 스위트에는 두 명이 이용할 수 있는 작은 욕조와 휴식을 취할 수 있는 베드 그리고 LCD 모니터 등이 설치되어 있고, 스위트와 대부분의 프라이빗룸에 레인샤워기가 구비되어 있다. 오전 11시 30분부터 오후 3시 30분까지 제공되는 이그지큐티브 이스케이프Executive Escape 프로그램은 목, 어깨, 등 마사지 또는 손, 발 마사지 또는 미니 코스의 얼굴 마사지와 풀사이드의 런치가 포함된다(HKD780). 더 스파의 독특한 프로그램 중 하나인 샴페인 페디큐어는 샴페인에 발을 담그고 목과 어깨 마사지를 받은 뒤, 펄 스크럽, 마스크, 풋 마사지, 페디큐어를 받는 코스로 샴페인 한 잔이 제공된다.

블리스 Bliss

- 주　　　소 **1 Austin Road West, Kowloon Station, T.S.T., Kowloon**
- 전화번호 **3717 2797**
- 영업시간 **09:00-22:00**
- 홈페이지 **www.blissworld.com**

1996년 뉴욕에서 탄생한 블리스가 아시아에서 처음으로 오픈한 곳이 W 홍콩이다. 뉴욕이라는 도시가 가진 이미지처럼 모던하고 세련된 분위기다. 홍콩의 다른 호텔 스파가 럭셔리하면서도 차분한 분위기라면, 블리스는 걸리시하고 블링블링한 느낌으로 확실하게 차별화된다. 보기만 해도 눈이 맑아지는 듯한 밝은 하늘색으로 장식한 인테리어가 시원하면서도 코지한 느낌을 준다. 2개의 커플 룸을 포함, 9개의 트리트먼트 스위트를 보유하고 있다. 스위트를 이용하기 위해서는 프로그램 요금 외에 60분에 HKD1,000을 추가로 지불해야 한다. 스파 프로그램을 모두 마치고 난 뒤에는, 라운지에서 올리브와 치즈, 과일과 함께 블리스의 전설적인 상징인 브라우니 부페를 즐길 수 있다.

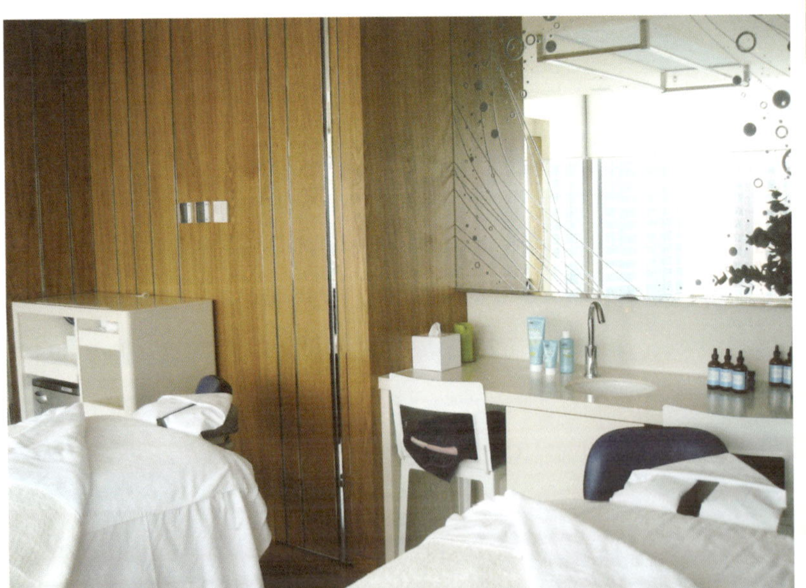

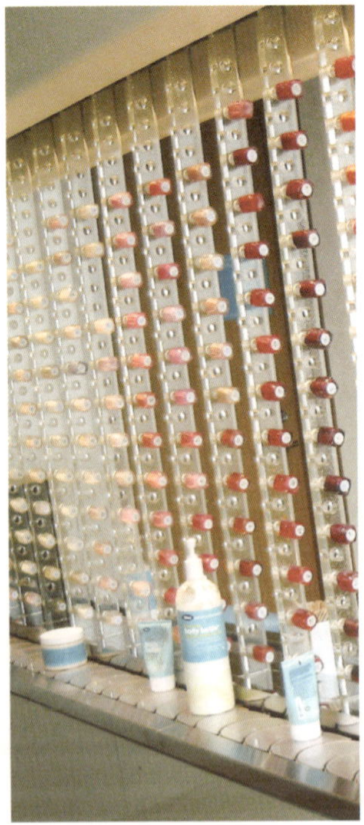

플라토 The Plateau

● 주   소 **11/F, Grand Hyatt Hong Kong, 1 Harbour Road, Wan Chai**
● 전화번호 **2588 1234**
● 영업시간 **09:00-22:00**
● 홈페이지 **www.hongkong.grand.hyatt.com**

그랜드하얏트 호텔 11층에 위치한 플라토는 객실, 마사지, 음식, 피트니스 등 웰빙 라이프스타일을 지향하는 멀티 플레이스. 플라토를 디자인한 세계적인 디자이너 존 몰포드John Molford는 플라토 외에 파크하얏트 도쿄와 그랜드하얏트 서울의 스파를 디자인했다. 보태니컬 가든을 테마로 한 플라토는 곳곳에 나무와 정원을 촬영한 사진과 돌로 만든 동물 조각품들이 디스플레이되어 있다. 스웨디시, 타이, 인도네시아, 차이니즈 등의 타입별 마사지와 미백, 화이트닝, 안티 에이징 등의 기능성 분류 등 세분화된 전문 서비스를 받을 수 있어 만족도가 뛰어나다. 이곳에서는 데클레르, 카리타, 에이숍, 데이콤스 등 자연주의 코즈메틱 제품만 사용한다. 플라토에서 판매하는 마이크로 화이버 소재의 샤워 가운은 아기 피부같이 부드러운 마이크로 파이버가 몸에 흐르듯이 감기는 최고급 가운으로, 부모님이나 친구 선물로도 인기가 높다.

오리엔탈 스파 The Oriental Spa

- 주　　소 **The Landmark Mandarin Oriental, 15 Queens Road, Central**
- 전화번호 **2132 0011**
- 영업시간 **10:00-23:00**
- 홈페이지 **www.mandarinoriental.com/landmark**

랜드마크 호텔의 오리엔탈 스파는 호텔 5층과 6층에 걸쳐 총 25,000평방미터에 이르는 규모로 15개의 프라이빗룸과 다양한 하이테크 시스템이 설치된 스위트를 운영한다. 오리엔탈이라는 컨셉트에 맞춰 오행을 고려한 음양의 조화를 모토로 하는 것이 특징. 가장 인기 있는 스파 스위트 프로그램은 총 3시간 동안 진행되는 코스로, 2시간 트리트먼트 서비스를 받은 후 플랫 TV가 갖춰진 프라이빗 라운지에서 휴식을 취할 수 있다. 스파 내에는 수영장과 피트니스 센터뿐 아니라 필라테스를 위한 스튜디오를 함께 갖추고 있다(피트니스와 필라테스 이용 시 추가 요금 부가). 멤버십 회원이 되면 스파 할인 혜택은 물론 호텔 내의 다양한 스페셜 서비스를 받을 수 있다. 주말에는 주중보다 10~20% 추가 요금이 붙는다.

여성이라면 누구나 겨드랑이와 종아리 왁싱쯤은 일상적으로 할 터. 우리나라에서는 아직까지 브라질리언 왁싱이 대중화되진 못했지만, 일찍부터 서양 문화를 받아들인 홍콩 여성들에게 브라질리언 왁싱은 선택이 아닌 필수다. 일명 비키니 왁싱(Bikini Waxing)이라 불리는 브라질리언 왁싱은 형태에 따라 비키니, 하이 비키니, 울트라 비키니 등으로 구분되며, 대부분의 호텔 스파와 전문 부티크 스파에서 취급한다. 홍콩은 우리나라에 비해 매니큐어, 페디큐어, 헤어 스타일링의 가격이 상당히 비싼 편인데, 브라질리언 왁싱만큼은 놀랄 만큼 저렴하다. 호텔 스파에서 일반 비키니 왁싱이 HKD250~270 선이고, 울트라 비키니 왁싱(브라질리언 왁싱)이 HKD450 선이다.

부티크 스파&마사지숍

Boutique Spa&Massage Shop

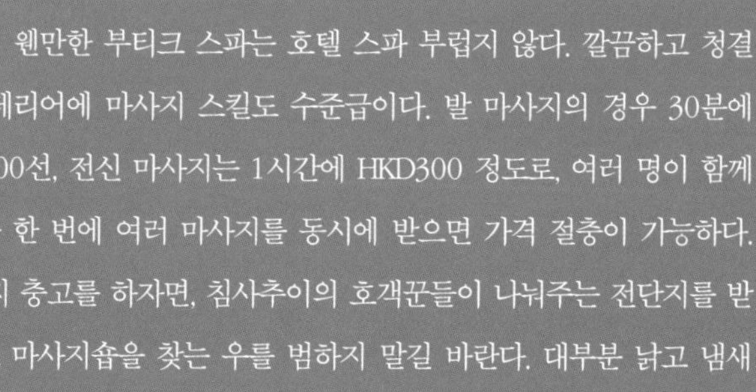

홍콩의 웬만한 부티크 스파는 호텔 스파 부럽지 않다. 깔끔하고 청결한 인테리어에 마사지 스킬도 수준급이다. 발 마사지의 경우 30분에 HKD100선, 전신 마사지는 1시간에 HKD300 정도로, 여러 명이 함께 가거나 한 번에 여러 마사지를 동시에 받으면 가격 절충이 가능하다. 한 가지 충고를 하자면, 침사추이의 호객꾼들이 나눠주는 전단지를 받아들고 마사지숍을 찾는 우를 범하지 말길 바란다. 대부분 낡고 냄새 나는 건물에 위치해 있어 위험하기도 하고, 시설이나 서비스 수준도 한참 떨어져서 휴식은커녕 불쾌함만 가중된다.

해피 풋 Happy Foot

- **주　　소** 19/F, Century Square, 1 D'Aguilera St., Central
- **전화번호** 2522 1151
- **영업시간** 10:00-24:00

홍콩의 마사지숍 중 가격 대비 만족도가 뛰어난 곳으로 내가 홍콩에서 가장 즐겨 찾는 마사지숍이기도 하다. 저녁 시간에 가면 퇴근 후 하루의 피로를 풀기 위해 이곳을 찾은 홍콩의 오피스 레이디들을 많이 만날 정도로 현지인들에게도 인기다. 여행의 피로를 말끔히 풀어주는 풋 마사지가 가장 인기 있고, 아로마 오일을 이용한 아로마 테라피와 지압을 이용한 전신 마사지도 많이 이용한다. 전신 마사지 50분 가격은 HKD250으로 75분 이상이면 디스카운트가 된다. 저녁 시간에는 예약하는 것이 좋다. 센트럴과 란콰이펑, 해피 밸리에 지점이 있는데, 란콰이펑과 센트럴보다는 해피 밸리 점이 다소 한산하다.

치바 하우스 Chiba House

- 주　　소 **Shop A, G&1/F, 79-81 Kimberley Road, T.S.T., Kowloon**
- 전화번호 **3529 2229**
- 영업시간 **12:00-02:00**

침사추이에서 호텔 스파를 제외하고 몇 안 되는 믿을 만한 마사지숍이다. 침사추이의 팬시한 부티크 호텔인 럭스 매너에서 묵었을 때 컨시어지에서 추천해 준 곳. 럭스 매너에서 도보로 5분 거리에 위치해 있다. 잡지 등의 읽을거리가 다양하게 갖춰져 있어서 마사지를 받는 동안 무료하지 않게 시간을 보낼 수 있다. 홀에는 풋 마사지를 받을 수 있는 1인용 소파가 늘어서 있고, 전신 마사지를 받을 수 있는 프라이빗룸도 넉넉하게 갖추고 있다. 풋 마사지를 받는 동안에는 진동 소파에서 등 마사지도 함께 받을 수 있다. 50분 기준으로 발 마사지는 HKD198, 전신 마사지는 HKD298이다.

스파 MTM Spa MTM

- 주　　소 **Shop A, G/F, 3 Yun Ping Road, Causeway Bay**
- 전화번호 **2923 7888**
- 영업시간 **10:30-22:00(Mon-Fri), 10:30-20:00(Sat-Sun, 공휴일)**
- 홈페이지 **www.spamtm.com**

2005년부터 2007년까지 3년 연속으로 홍콩『코스모폴리탄』이 선정한 'Best Spa'에 선정된 것만으로도 그 퀄리티가 보장된다. 아로마를 이용한 다섯 가지 컨셉의 트리트먼트를 기본으로 페이셜과 보디 마사지 서비스를 제공한다. 디자인 어워드를 여러 번 수상했을 만큼 인테리어가 뛰어나며, 일본 계열 스파로 섬세한 손놀림과 싹싹한 서비스가 일품이다. 코즈웨이 베이 외에 시티게이트 아울렛에도 지점이 있다. 시티게이트 아울렛에서 쇼핑을 마친 후 공항에 가기 전 간단한 발 마사지로 홍콩 여행을 마무리하는 것도 좋을 듯.

주산리 (足三里) Zu San Li

- 주　　소 **G/F, 13 Aberdeen Street, Central**
- 전화번호 **2851 1268**

소호에 위치한 부티크 호텔인 란콰이펑 호텔Lan Kwai Fong Hotel 근처 오르막길에 자리잡은 작은 마사지숍이다. 다른 마사지숍처럼 쉽게 눈에 띄는 위치는 아니지만 깔끔한 시설과 편안한 서비스, 저렴한 가격이 매력이다. 오일을 이용한 전신 아로마 마사지 50분 코스가 HKD290이고 풋 마사지가 HKD198이다. 50분짜리 트리트먼트를 두 가지 이상 이용할 경우 25분 추가 서비스를 받을 수 있다. 문을 닫는 시간이 일정치 않으므로 전화로 미리 확인해야 한다.

센스 오브 터치 Sense of Touch

- 주　　소 **1-5/F, 52 D'Aguilera Street, Lan Kwai Fong, Central**
- 전화번호 **2526 6918**
- 영업시간 **10:00-21:00(Mon-Fri), 10:00-19:00(Sat-Sun)**
- 홈페이지 **www.senseoftouch.com.hk**

화려하진 않지만 깔끔하고 편안한 분위기에서 마사지를 받을 수 있는 곳이다. 오픈한 이래 매거진과 스파 어워드에서 여러 차례 수상 경력이 있을 정도로 프로그램 구성이나 서비스가 뛰어나다. 가장 기본적인 전신 마사지의 가격이 HKD580으로 가격 또한 리즈너블하다. 2010년 동안에는 HKD800 이상의 페이셜 코스 또는 시그니처 트리트먼트를 받을 경우 캐세이패시픽항공의 마일리지 서비스인 아시아마일즈 포인트를 두 배로 적립할 수 있다. 센트럴에만 세 곳의 매장을 운영 중이며, 디스커버 베이와 리펄스 베이에도 매장이 있다.

인덜전스 Indulgence

- 주　　소 **G/F, 33 Lyndhurst Terrace, Central**
- 전화번호 **2815 6600**
- 영업시간 **10:00-20:30(Mon-Sat), 11:00-19:00(Sun&공휴일)**
- 홈페이지 **www.indulgence.hk**

마사지, 페이셜 트리트먼트, 매니큐어, 페디큐어는 물론 헤어 스타일링까지, 뷰티에 대한 모든 것을 한자리에서 해결할 수 있는 곳. 화이트 컬러로 처리한 환하고 고급스러운 인테리어에, 8개의 프라이빗룸과 1개의 커플룸을 보유하고 있다. 엘레미스Elemis, 더말로지카Dermalogica, 순다리Sundari, 르네 휘테르Rene Futere 등 각 파트의 전문 브랜드 제품만을 사용한다.

무란 스파 Mu Lan Spa

- 주　　소 **Shop 411-3, Level 4, Ocean Centre, Harbour City, T.S.T., Kowloon**
- 전화번호 **3107 2028**
- 홈페이지 **www.ilcolpo.com**

무란 스파는 홍콩의 유명 뷰티 살롱인 일콜포Il Colpo에서 운영하는 곳이다. 중동 분위기의 인테리어 디자인이 이국적인 정취를 느끼게 한다. 남녀 커플 마사지가 인기로, 55분 동안 진행되는 타이 마사지가 HKD680이다. 캐세이패시픽항공을 이용했다면 홈페이지의 얌싱쿠폰을 프린트해 가면 무란 스파에서 HKD200의 캐시 쿠폰을 사용할 수 있다. 사용 조건은 50분 코스 이상이고, 홍콩에 도착한 지 7일 이내여야 한다. 침사추이 외에 센트럴 등에도 지점이 있다.

스파 록시땅 Spa L'Occitane

- 주　　소 **Shop 3, Tower 2, Star Crest, 9 Star Street, Wan Chai**
- 전화번호 **2143 6288**
- 영업시간 **10:00-22:00(Mon-Fri), 10:00-20:00(Sat-Sun, 공휴일)**
- 홈페이지 **hk.loccitane.com**

록시땅은 9개의 나라에 17개의 프티 스파와 그 외 해외 곳곳의 유명 호텔에 스파를 운영 중이다. 완차이에 위치한 스파 록시땅은 록시땅 본사에서 전문 교육을 받은 테라피스트가 각각의 트리트먼트 기능에 따른 록시땅의 제품을 사용해 관리하고, 트리트먼트 전 고객의 피부상태를 분석하여 컨디션에 맞는 최적의 트리트먼트를 제안한다. 록시땅은 특히 페이셜 스파가 유명한데, 록시땅 고유의 리프팅 기법과 퍼밍 마사지, 경락을 이용해 주름과 윤곽에 관여하는 얼굴 근육의 긴장을 풀어준다. 60분 동안 진행되는 전신 마사지가 HKD800부터 시작하고, 페이셜 75분과 보디 마사지 60분이 포함된 패키지가 HKD1,600이다.

INDEX

Stay ————————————

그랜드하얏트 Grand Hyatt Hong Kong **052**
더블유 W Hong Kong **068**
란콰이펑 Lan Kwai Fong Hotel **084**
랑송 플레이스 Lanson Place Hotel **086**
랜드마크 만다린 Landmark Mandarin Hong Kong **062**
럭스 매너 Luxe Manor **088**
르 메르디앙 사이버포트 Le Merdien Cyberport **064**
만다린 오리엔탈 Mandarin Oriental Hong Kong **060**
버터플라이 Butterfly **092**
센트럴 파크 Central Park Hotel **074**
쉐라톤 Sheraton Hotel&Towers **066**
엘케이에프 LKF Hotel **082**
인터컨티넨탈 Intercontinentall Hong Kong **056**
지아 Jia Hong Kong **080**
카우룽 샹그리라 Kowloon Shangri-la **058**
코스모 Cosmo Hotel **076**
포시즌스 Fourseasons Hong Kong **048**
플레밍 The Fleming **078**

Taste ————————————

나트랑 Nha trang **018**
노부 Nobu **186**
다핑후오 Da Ping Huo **216**
더 라운지 The Lounge **152**
더 로비 The Lobby **155**
더 박스 The Box **140**
디.다이아몬드 D. Diamond **176**
라 메종 뒤 쇼콜라 La Masion du Chocolat **168**
레이 가든 Lei Garden **200**
로카 Roka **204**
룩유 티하우스 Luk Yu Tea House **120**
르 구테 베르나르도 Le Gouter Bernardaud **162**
린흥 티하우스 Lin Heung Tea House **124**
맥심 Maxim **126**
멈 차우스 Mum Chau's **218**
메구 Megu **184**
모 바 Mo Bar **154**
보 이노베이션 Bo Innovation **223**
브런치 클럽 Brunch Club **130**

세레나데 Serenade **127**
세바 SEVVA **190**
셰 무아 Chez Moi **198**
슈이후주 Shui Hu Jiu **206**
스푼 바이 알랭 뒤카스 Spoon by Alaine Ducasse **194**
시안 XI Yan **222**
시프트 Sift **164**
아녜스베 델리스 Agnes.b Delice **160**
아르마니 돌치 Armani Dolci **166**
아쿠아 Aqua **134**
에스엠엘 SML **142**
옐로 도어 키친 Yellow Door Kitchen **220**
오볼로그 Ovologue **202**
웡치케이 Wong Chi kei **098**
위문펑 Dimsum **118**
윙와 Wing Wah **110**
장 폴 에뱅 Jean-Paul Hévin **167**
주마 Zuma **212**
차이나 티클럽 China Tea Club **148**
차이나 클럽 The China Club **174**
치케이 Chi Kei **106**
침차이키 Tsim Chai Kee **102**
카페 스포일 Café Spoil **156**
크루그 룸 The Krug Room **182**
클리퍼 라운지 Clipper Lounge **150**
타이청 베이커리 Tai Cheung Bakery **169**
테이스티 Tasty Noodle&Wonton Shop **100**
티보 Tivo **208**
팻버거 Fatbuger **144**
펄 온 더 피크 Pearl on the Peak **138**
포26 Pho26 **112**
포운 The Pawn **210**
플라잉 팬 The Flying Pan **132**
피에르 Pierre **188**
하카헛 Hak Ka Hut **122**
할란스 Harlan's **178**
허이라우산 Hui Lau Shan **157**
호흥키 Ho Hung Kee **104**
후통 Hu Tong **180**

Get ─────────────────
그레이트 grEAT **298**
다이목스 Dymocks **313**
랜드마크 The Landmark **240**
레인 크로포드 Lane Crawford **262**
리 가든스 Lee Gardens **246**
막스앤스펜서 Maks&Spencer **290**
므슈 샤테 Monsieur Chatté **300**
바닐라 스위트 Vanila Suite **292**
빈티지 HK Vintage HK **285**
상하이 탕 Shanghai Tang **288**
선 아케이드 The Sun Arcade **258**
솔 타운 Sole Town **286**
스리 식스티 Three Sixty **301**
스페이스 Space **277**
시티 수퍼 City Super **296**
시티게이트 아울렛 Citygate Outlet **274**
실버 코드 Silver Cord **258**
아르마니 리브리 Armani Libri **314**
아이에프시몰 IFC Mall **232**
아이티 세일숍 I.T Sale Shop **276**
에이치앤엠 H&M **282**
에콜스 ecoLS **302**
엘리먼츠 Elements **248**
오보 Ovo **309**
온 페더 On Pedder **264**
왓슨스 와인셀러 Watson's Wine Cellar **299**
이케아 IKEA **307**
인디고 Indigo **308**
조이스 Joyce **266**
지오디 GOD **304**
타임 스퀘어 Times Square **244**
트위스트 Twist **272**
퍼시픽 플레이스 Pacific Place **236**
펄스앤캐시미어 Pearls&Cashmere **284**
페더 레드 Pedder Red **291**
페이지 원 Page One **312**
프랑프랑 Franfran **303**
프린츠 Prints **315**
하버 시티 Harbour City **252**

하비 니콜스 Harvey Nicols **268**
호라이즌 플라자 Horizon plaza **278**
홈리스 Homeless **310**
홈아트 Homart **306**
1881 헤리티지 1881 Heritage **256**

Enjoy ─────────────────
드래곤아이 Dragon-i **332**
드롭 Drop **333**
디 비노 Di Vino **327**
민트 M1nt **336**
볼라 Volar **338**
블루 바 Blue Bar **322**
살롱 드 닝 Salon de Ning **326**
솔라스 Solas **327**
아르마니 바 Armani Bar **320**
아주르 Azure **321**
오이스터&와인 바 Oyster&Wine Bar **325**
와규 Wagyu **327**
지 바 G Bar **323**
키 클럽 Kee Club **335**
파인즈 Finds **327**
프리베 Privé **337**
해비타트 라운지 Habitat Lounge **324**
헤일로 Halo **334**

Relax ─────────────────
더 스파 The Spa **345**
록시땅 Loccitane **356**
만다린 스파 The Mandarin Spa **344**
무란 스파 Mu Lan Spa **356**
블리스 Bliss **346**
센스 오브 터치 Sense of Touch **355**
스파 엠티엠 Spa MTM **354**
오리엔탈 스파 The Oriental Spa **348**
인덜전스 Indulgence **355**
주산리 Zu San Li **354**
치바 하우스 Chiba House **353**
플라토 Plateau **348**
해피 풋 happy foot **352**

홍콩 배케이션

초판 1쇄 인쇄 2010년 5월 14일
초판 1쇄 발행 2010년 5월 20일

지은이 한혜진 펴낸이 연준혁

출판 1분사 편집장 최혜진
편집 한수미 지도 일러스트 Gina
제작 이재승 송현주

펴낸곳 (주)위즈덤하우스 출판등록 2000년 5월 23일 제13-1071호
주소 (410-380) 경기도 고양시 일산동구 장항동 846번지 센트럴프라자 6층
전화 031) 936-4000 팩스 031) 903-3891
전자우편 yedam1@wisdomhouse.co.kr 홈페이지 www.wisdomhouse.co.kr
출력 엔터 종이 월드페이퍼 표지가공 이지앤비 인쇄 · 제본 (주)현문

© 한혜진, 2010
값 15,000원 ISBN 978-89-5913-445-8 13980

* 잘못된 책은 바꿔드립니다.
* 이 책의 전부 또는 일부 내용을 재사용하려면
  사전에 저작권자와 (주)위즈덤하우스의 동의를 받아야 합니다.

국립중앙도서관 출판시도서목록(CIP)

홍콩 배케이션 = Hong Kong vacation : 스타일리시한 여자들의
홍콩 즐겨찾기 / 지은이: 한혜진. -- 고양 : 위즈덤하우스, 2010
    p. ;   cm

ISBN 978-89-5913-445-8 13980 : ₩15000

해외 여행[海外旅行]
홍콩(지명)[Hong Kong]

981.23402-KDC5
915.12504-DDC21   CIP2010001793

호텔 Hotel

- **H 1** 랜드마크 만다린 The Landmark Mandarin
- **H 2** 만다린 오리엔탈 Mandarin Oriental
- **H 3** 엘케이에프 LKF Hotel
- **H 4** 포시즌스 Fourseasons Hong Kong

레스토랑&바&클럽
Restaurant&Bar&Club

- **R 1** 나트랑 Nha Trang
- **R 2** 더 라운지 The Lounge
- **R 3** 더 박스 The Box
- **R 4** 레이 가든 Lei Garden
- **R 5** 룩유 티하우스 Luk Yu Tea House
- **R 6** 르 구테 베르나르도 Le Goute Bernardaud
- **R 7** 맥심 Maxim's
- **R 8** 멈 차우스 Mum Chau's
- **R 9** 모 바 Mo Bar
- **R 10** 세바 SEWA
- **R 11** 셰 무아 Chez Moi
- **R 12** 웡치케이 Wong Chi Kei
- **R 13** 주마 Zuma
- **R 14** 차이나 티 클럽 China Tea Club
- **R 15** 차이나 클럽 The China Club
- **R 16** 침차이키 Tsim Chai Kee
- **R 17** 크루그 룸 Krug Room
- **R 18** 클리퍼 라운지 Clipper Lounge
- **R 19** 테이스티 Tasty Congee&Noodle Wonton Shop
- **R 20** 아르마니 돌치 Armani Dolci
- **R 21** 피에르 Pierre
- **R 22** 할란스 Harlan's
- **R 23** 드래곤아이 Dragon-i
- **R 24** 볼라 Volar
- **R 25** 블루 바 Blue Bar
- **R 26** 솔라스 Solars
- **R 27** 아르마니 바 Armani Bar
- **R 28** 아주르 Azure
- **R 29** 와규 Wagyu
- **R 30** 지 바 G Bar
- **R 31** 키 클럽 Kee Club
- **R 32** 티보 Tivo
- **R 33** 파인즈 Finds
- **R 34** 프리베 Privé
- **R 35** 헤일로 Halo
- **R 36** 디 비노 Di Vino

쇼핑 Shopping

- **S 1** 다이목스 Dymock's
- **S 2** 랜드마크 Landmark
- **S 3** 레인 크로포드 Lane Crawford
- **S 4** 막스앤스펜서 Maks&Spencer
- **S 5** 상하이 탕 Shanghai Tang
- **S 6** 스리 식스티 Three Sixty
- **S 7** 시티 슈퍼 City' Super
- **S 8** 아르마니 리브리 Armani Libri
- **S 9** 아이에프시 몰 IFC Mall
- **S 10** 에이치앤엠 H&M
- **S 11** 온 페더 On Pedder
- **S 12** 왓슨스 와인 셀러 Watson's Wine Cellar
- **S 13** 트위스트 Twist
- **S 14** 페더 레드 Pedder Red
- **S 15** 프린츠 Prints
- **S 16** 하비 니콜스 Harvey Nichols
- **S 17** 인디고 Indigo

스파&마사지 Spa&Massage

- **M 1** 더 스파 The Spa
- **M 2** 만다린 스파 Mandarin Spa
- **M 3** 센스 오브 터치 Sense of Touch
- **M 4** 오리엔탈 스파 Oriental Spa
- **M 5** 해피 풋 Happy Foot

MTR역   호텔   쇼핑   레스토랑&바&클럽   스파&마사지

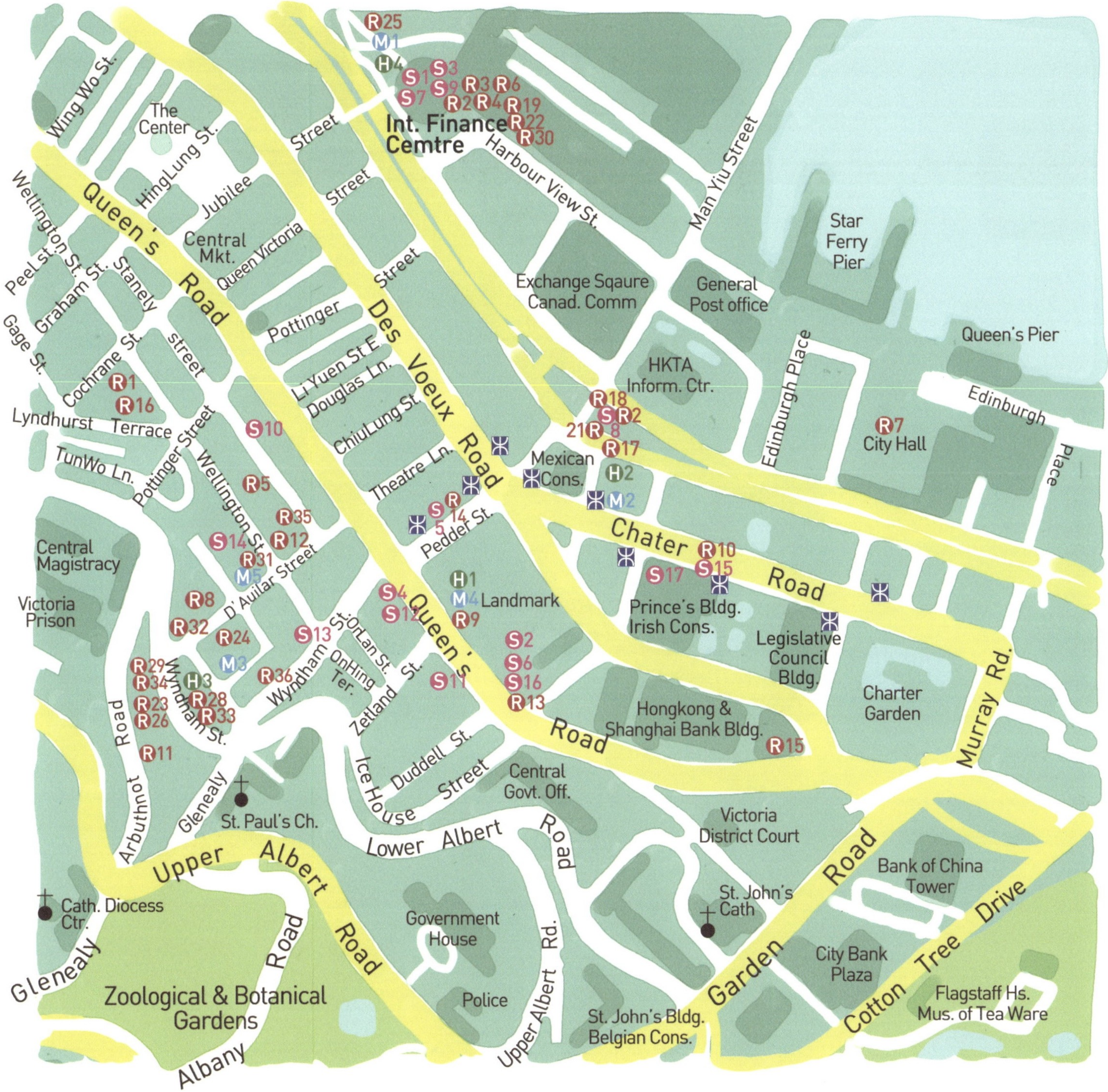

소호
Soho

호텔 Hotel
H1 란콰이펑 호텔 Lan Kwai Fong Hotel
H2 센트럴 파크 Central Park Hotel

레스토랑&바&클럽
Restaurant&Bar&Club
R1 다핑후오 Da Ping Huo
R2 린흥 티하우스 Lin Hung Tea House
R3 브런치 클럽 Brunch Club
R4 슈이후주 Shui Hu Ju
R5 옐로 도어 키친 Yellow Door Kitchen
R6 타이청 베이커리 Tai Cheung Bakery
R7 펄 온 더 피크 Pearl on the Peak
R8 포26 Pho 26
R9 드롭 Drop
R10 민트 M1NT
R11 플라잉 팬 The Flying Pan

쇼핑 Shopping
S1 므슈 샤테 Monsieur Chatté
S2 빈티지 HK Vintage HK
S3 에콜스 ecoLS
S4 홈리스 Homeless
S5 홈아트 Homart

스파&마사지 Spa&Massage
M1 인덜전스 Indulgence
M2 주산리 Zu San Li

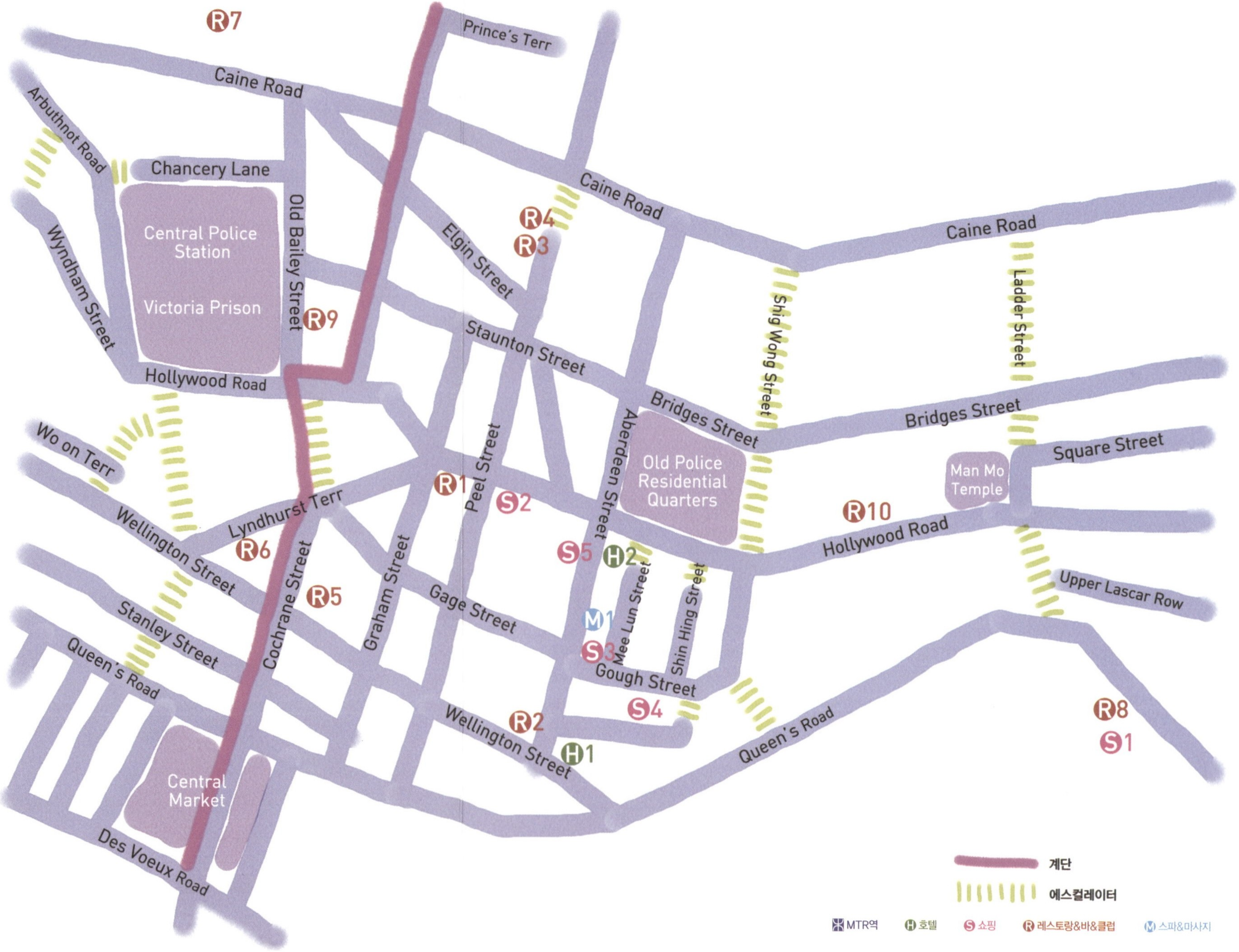

R7
Prince's Terr
Caine Road
Arbuthnot Road
Chancery Lane
Caine Road
Caine Road
Central Police Station
Victoria Prison
Old Bailey Street
Elgin Street
R4
R3
Ladder Street
Shig Wong Street
Wyndham Street
R9
Staunton Street
Hollywood Road
Bridges Street
Bridges Street
Wo on Terr
Old Police Residential Quarters
Aberdeen Street
Man Mo Temple
Square Street
Peel Street
R1
S2
R10
Hollywood Road
Wellington Street
Lyndhurst Terr
R6
Cochrane Street
Graham Street
Gage Street
S5
H2
Shin Hing Street
Mee Lun Street
Upper Lascar Row
R5
Stanley Street
M1
S3
Gough Street
Queen's Road
S4
R8
S1
Queen's Road
Wellington Street
R2
H1
Central Market
Des Voeux Road

계단
에스컬레이터

MTR역   호텔   쇼핑   레스토랑&바&클럽   스파&마사지

호텔 Hotel

- **H1** 플레밍 The Fleming
- **H2** 그랜드하얏트 Grand Hyatt Hong Kong
- **H3** 어퍼 하우스 The Upper House

레스토랑&바&클럽
Restaurant&Bar&Club

- **R1** 로카 Roka
- **R2** 라 메종 뒤 쇼콜라 La Masion du Chocolat
- **R3** 카페 스포일 Café Spoil
- **R4** 보 이노베이션 Bo Innovation
- **R5** 시안 스위츠 Xi Yan Sweets
- **R6** 시프트 Sift
- **R7** 오볼로그 Ovologue
- **R8** 포운 The Pawn
- **R9** 윙와 Wing Wah
- **R10** 팻버거 The Fatbuger
- **R11** 해비타트 라운지 Habitat Lounge
- **R12** 카페 그레이 Café Grey

쇼핑 Shopping

- **S1** 퍼시픽 플레이스 Pacific Place
- **S2** 오보 Ovo
- **S3** 그레이트 great

스파&마사지 Spa&Massage

- **M1** 플라토 Plateau
- **M2** 록시땅 L'Occitane

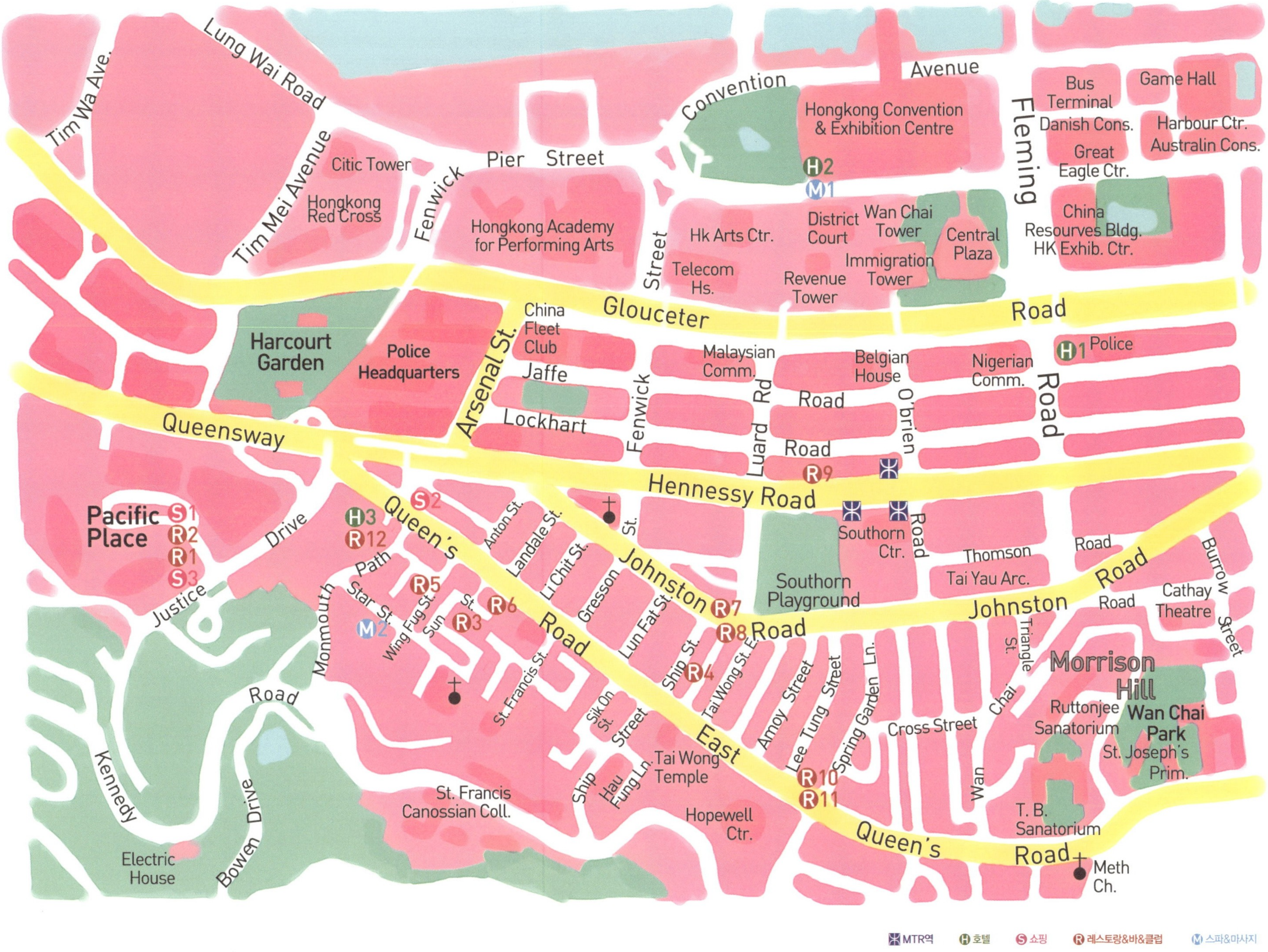

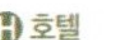

코즈웨이 베이
Causeway Bay

호텔 Hotel
H1 랑송 플레이스 Lanson Place
H2 지아 Jia Hong Kong
H3 코스모 호텔 Cosmo Hotel
H4 버터플라이 Butterfly on Morrison

레스토랑&바&클럽
Restaurant&Bar&Club
R1 에스엠엘 SML
R2 장 폴 에벵 Jean-Paul Hévin
R3 호홍키 Ho Hung Kee
R4 치케이 Chi Kei
R5 허이라우산 Hui Lau San

쇼핑 Shopping
S1 타임 스퀘어 Times Square
S2 페이지 원 Page One
S3 리 가든스 Lee Gardens
S4 바닐라 스위트 Vanilla Suite
S5 솔 타운 Sole Town
S6 이케아 IKEA
S7 지오디 GOD
S8 프랑프랑 Franfran

스파&마사지 Spa&Massage
M1 스파 엠티엠 Spa MTM

Victoria Park
Football Courts
World Trade Ctr.
President
Cannon Street
KingstonSt.
Paterson St.
Pearl Th.
Jade Th.
Great George St.
Gloucester Road
SOGO
Jeffe Road
Percival Road
Lockhart
Percival Street
Henessy Ctr.
Yee Wo street
Canal Road West
Hennessy
Road
Tang Lung St.
Lee Garden Road
Jardine's Crescent
Yun Ping Road
Pak Sha Road
Pennington St.
Russel Street
Time Sqaure
Matheson Street
Lang Fang Rd.
Hysan Avenue
St. Paul's Convent Sch.
St. Paul's Hospital
St. Palu's Con.
Morrison Hill
Bowrington Road
Canal Road East
Sharp St.
Lee Th.
Leighton Road
Lippo Leighton Tower
Leighton Lane
Caroline Hill Road
Cotton Path
Yiu Wa St.
Leighton
Sports Club

MTR역   호텔   쇼핑   레스토랑&바&클럽   스파&마사지

침사추이
Tsim Sha Tsui

호텔 Hotel
H1 쉐라톤 Sheraton Hotel&Towers
H2 인터컨티넨탈 Intercontinental Hong Kong
H3 버터플라이 Butterfly on Prat
H4 럭스 매너 The Luxe Manor
H5 더블유 W HongKong
H6 카우룽 상그리라 Kowloon Shangri-la

레스토랑&바&클럽
Restaurant&Bar&Club
R1 후통 Hu Tong
R2 아쿠아 Aqua
R3 오이스터&와인 바 Oyster&Wine Bar
R4 노부 Nobu
R5 스푼 Spoon by Alain Ducasse
R6 세레나데 Serenade
R7 아녜스베 델리스 Agnes.b Delice
R8 하카헛 Hak Ka Hut
R9 너츠포드 테라스 Knutsford Terrace
R10 디.다이아몬드 D.Diamond
R11 메구 Megu
R12 살롱 드 닝 Salon de Ning
R13 더 로비 The Lobby

쇼핑 Shopping
S1 실버코드 Silvercord
S2 선아케이드 The Sun Arcade
S3 하버 시티 Harbour City
S4 엘리먼츠 Elements
S5 아이티 세일숍 I.T Sale Shop
S6 펄스앤캐시미어 Pearls&Cashmere
S7 1881 헤리티지 1881 Heritage

스파&마사지 Spa&Massage
M1 치바 하우스 Chiba House
M2 무란 스파 Mulan Spa
M3 블리스 Bliss

Austin Road
Austin Road
Hillwood Road
Tak Shing Street
Royal Obervatory
Observatory Road
St. Andrew's Ch.
Knutsford Terr.
Hong Kong Ch.
Street
Shun Ye St.
Baptist Ch.
Road
Kimberly Road
Hau Fock St.
Granville Road
Carnavon Road
Prat Avenue
HK Christian Coll
Hart Ave.
Hart Avenue
Sinal Hill
Mariens' Club Garden
New World Centre
Cameron Ln.
Cameron Road
Humphreys Ave.
Carnavon Road
Cornwall Ave.
Hanoi Road
Minden Avenue
Mody Road
Bristol Ave.
Nathan Road
Nathan Road
Austin Road
Police
Indoor Games Hall & Swimming Pool
Park Lane Shoppers Blvd.
Kowloon Park
Hongkong Mus. of History
Kowloon Mosque and Islamic Centr.
Lock Road
Road
Hankow Road
Ichang Street
Ashley Road
China Travel Service
Middle Road
YMCA
Hongkong Space Museum & Theatre
Hongkong Space Museum of Art
Arts Library
Hongkong Cultural Centre
Canton Rd. Medical Clinic
Canton Rd. Govt. School
Haiphong Road
Kowloon Park Drive
Bank of American Bldg.
Peking Road
Canton Road
Salisbury Road
Clock Tower
Austin Road
Canton Road
Canton Road
World Finance Centre
Harbour City
Gateway Boulevard
World Comm. Centre
World Shipping Centre
Harbour City
Star House
Star Ferry Pier
Bus Terminal
Watertours Pier

MTR역   호텔   쇼핑   레스토랑&바&클럽   스파&마사지

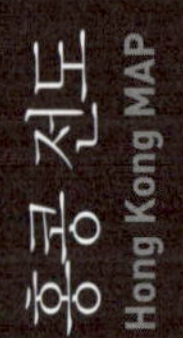

홍콩 지도
Hong Kong MAP

카우 사이 차우
KAU SAI CHAU
신계 지
NEW TERRITORIES
침사추이선
TSIM SHA TSUI
구룡
KOWLOON
코즈웨이 베이
CAUSEWAY BAY
완차이
WAN CHAI
홍콩섬
HONG KONG ISLAND
스탠리
STANLEY
카우룽 스테이션
KOWLOON STATION
센트럴 CENTRAL
(Hong Kong Station)
임대이차우 AP LEI CHAU
(Horizon Plaza, Space)
리펄스 베이
REPULSE BAY
라마 섬
LAMMA ISLAND
사이버포트 CYBERPORT
(Le Meridien Cyberport)
빅토리아 항구
VICTORIA BARBOUR
칭이
TSING YI
청차우 섬
CHENG CHAU
란타우 섬
LANTAU ISLAND
퉁청 TUNG CHUNG
(Citygate Outlet)
홍콩 국제공항
HONGKONG INTERNATIONAL AIRPORT

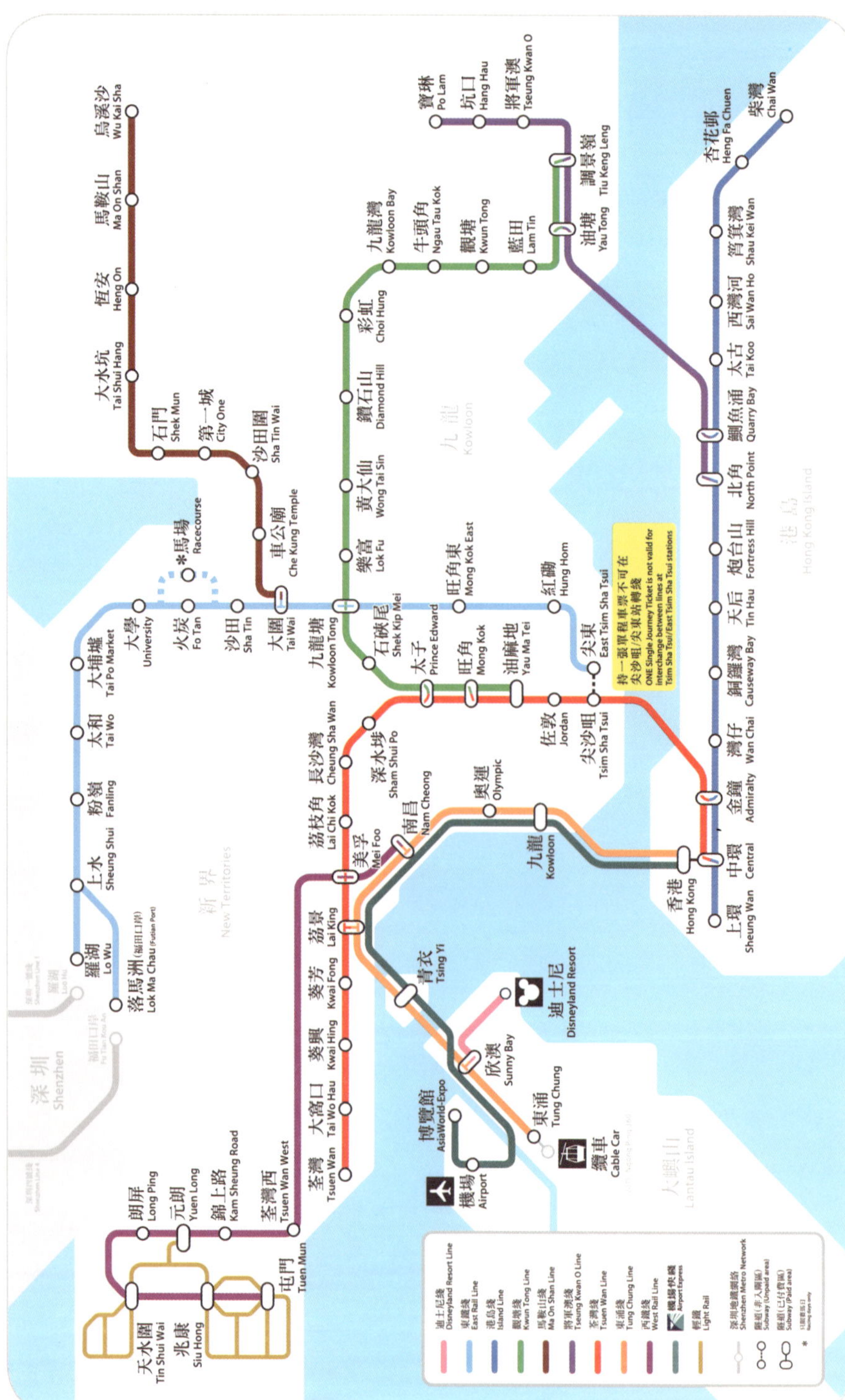

烏溪沙 Wu Kai Sha
馬鞍山 Ma On Shan
恆安 Heng On
大水坑 Tai Shui Hang
石門 Shek Mun
第一城 City One
沙田圍 Sha Tin Wai
車公廟 Che Kung Temple
大圍 Tai Wai
寶琳 Po Lam
坑口 Hang Hau
將軍澳 Tseung Kwan O
調景嶺 Tiu Keng Leng
油塘 Yau Tong
藍田 Lam Tin
觀塘 Kwun Tong
牛頭角 Ngau Tau Kok
九龍灣 Kowloon Bay
彩虹 Choi Hung
鑽石山 Diamond Hill
黃大仙 Wong Tai Sin
樂富 Lok Fu
杏花邨 Heng Fa Chuen
柴灣 Chai Wan
筲箕灣 Shau Kei Wan
西灣河 Sai Wan Ho
太古 Tai Koo
鰂魚涌 Quarry Bay
北角 North Point
炮台山 Fortress Hill
天后 Tin Hau
銅鑼灣 Causeway Bay
灣仔 Wan Chai
金鐘 Admiralty
中環 Central
香港 Hong Kong
上環 Sheung Wan
九龍 Kowloon
尖東 East Tsim Sha Tsui
尖沙咀 Tsim Sha Tsui
佐敦 Jordan
油麻地 Yau Ma Tei
旺角 Mong Kok
太子 Prince Edward
旺角東 Mong Kok East
紅磡 Hung Hom
何文田 Ho Man Tin
石硤尾 Shek Kip Mei
九龍塘 Kowloon Tong
大圍 Tai Wai
沙田 Sha Tin
火炭 Fo Tan
大學 University
馬場 Racecourse
大埔墟 Tai Po Market
太和 Tai Wo
粉嶺 Fanling
上水 Sheung Shui
羅湖 Lo Wu
落馬洲 Lok Ma Chau
深水埗 Sham Shui Po
長沙灣 Cheung Sha Wan
荔枝角 Lai Chi Kok
美孚 Mei Foo
荔灣 Lai King
葵芳 Kwai Fong
葵興 Kwai Hing
大窩口 Tai Wo Hau
荃灣 Tsuen Wan
荃灣西 Tsuen Wan West
大涌橋 Kam Sheung Road
錦上路 Kam Sheung Road
元朗 Yuen Long
朗屏 Long Ping
天水圍 Tin Shui Wai
兆康 Siu Hong
屯門 Tuen Mun
南昌 Nam Cheong
奧運 Olympic
九龍 Kowloon
青衣 Tsing Yi
欣澳 Sunny Bay
迪士尼 Disneyland Resort
東涌 Tung Chung
博覽館 AsiaWorld-Expo
機場 Airport
纜車 Cable Car
深圳 Shenzhen
深圳 Shenzhen
香港 Hong Kong Island
九龍 Kowloon
新界 New Territories
大嶼山 Lantau Island
持一張單程票不可在尖沙咀/尖東站轉接
ONE Single Journey Ticket is not valid for interchange between lines at Tsim Sha Tsui/East Tsim Sha Tsui stations
迪士尼線 Disneyland Resort Line
東鐵線 East Rail Line
港島線 Island Line
觀塘線 Kwun Tong Line
馬鞍山線 Ma On Shan Line
荃灣線 Tsuen Wan Line
將軍澳線 Tseung Kwan O Line
東涌線 Tung Chung Line
西鐵線 West Rail Line
機場快綫 Airport Express
輕鐵 Light Rail

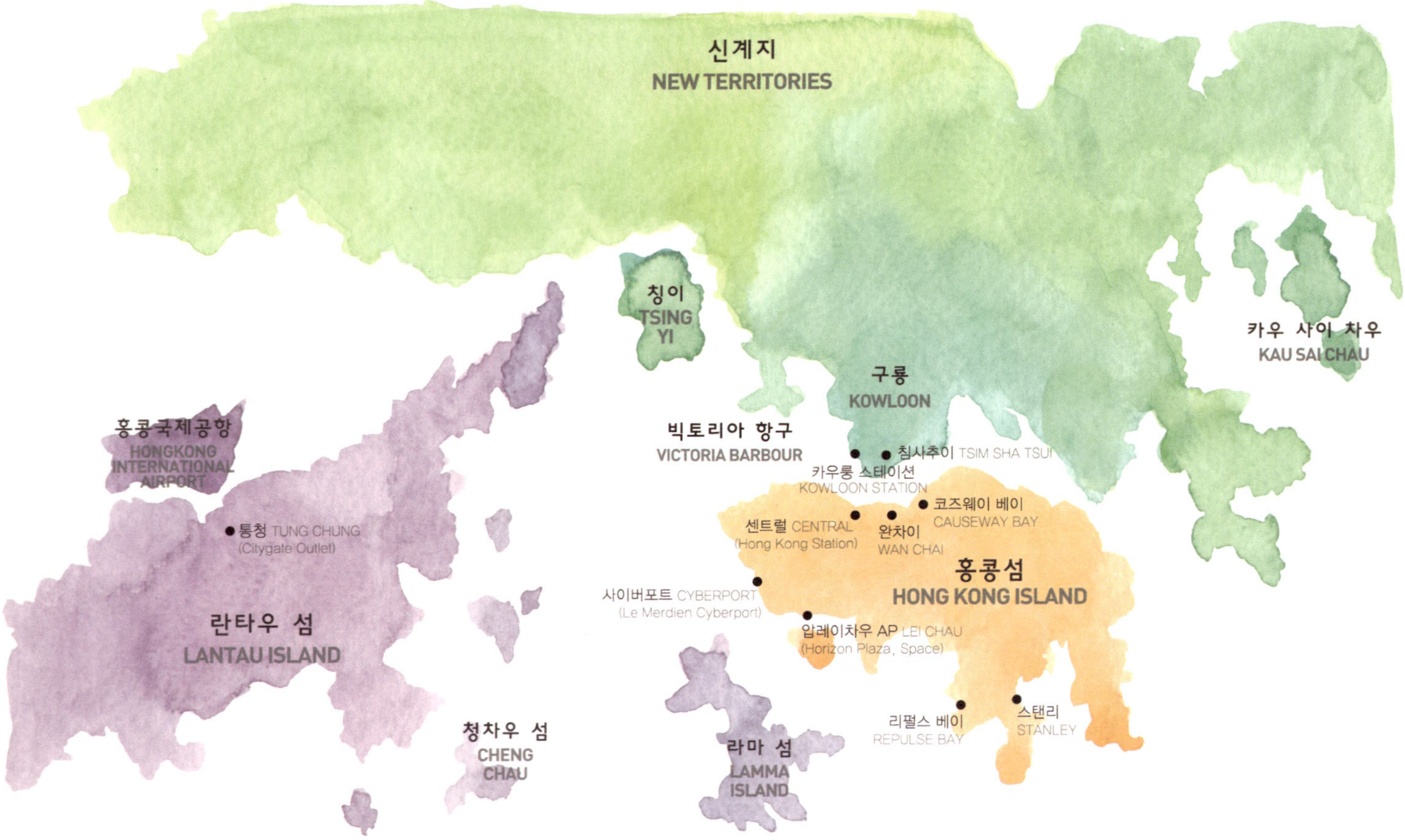

홍콩 MTR 노선도
Hong Kong MTR

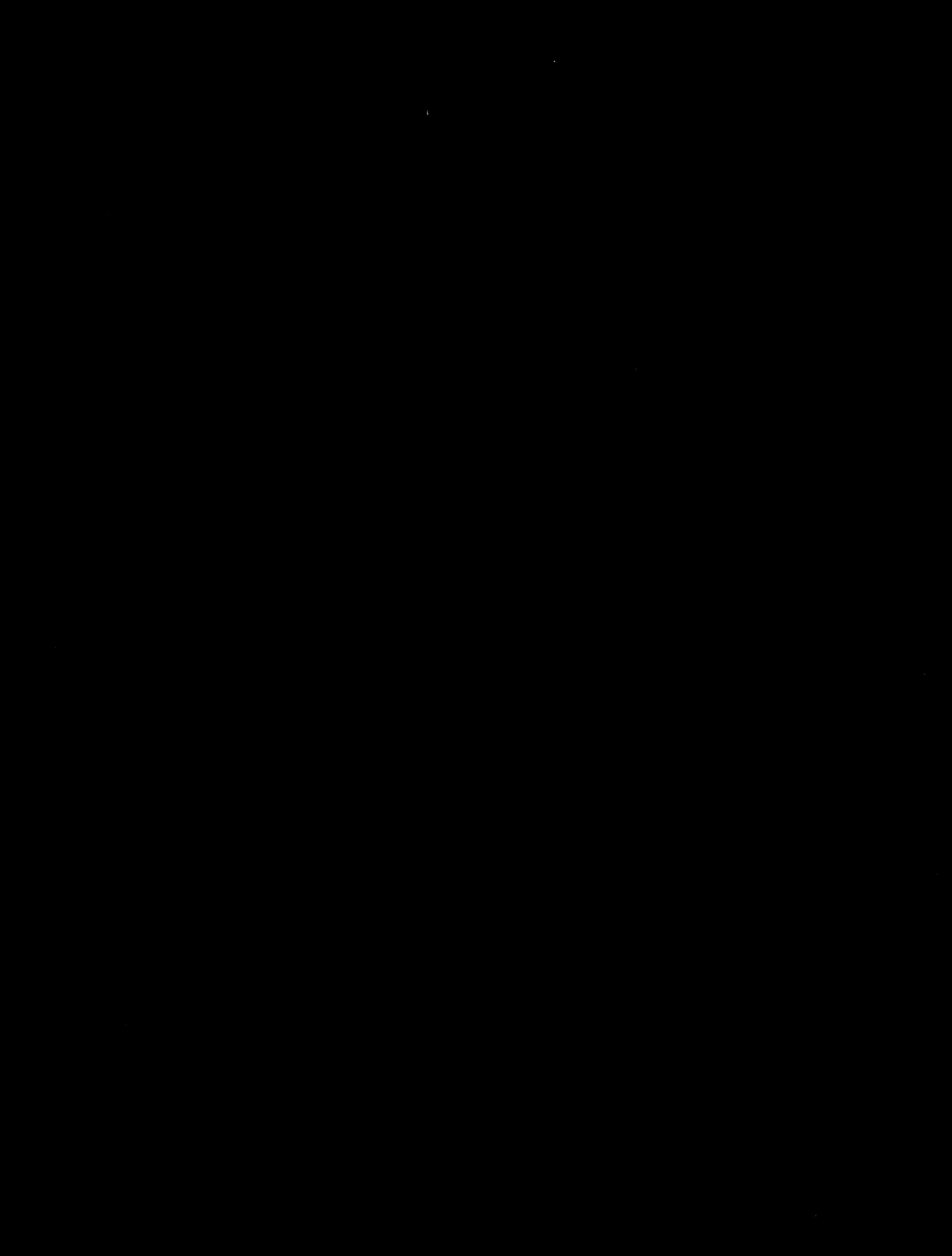